化学の指針シリーズ

編集委員会　井上祥平・伊藤　翼・岩澤康裕
　　　　　　大橋裕二・西郷和彦・菅原　正

有機工業化学

井上　祥平　著

裳華房

ORGANIC INDUSTRIAL CHEMISTRY

by

SHOHEI INOUE

SHOKABO

TOKYO

「化学の指針シリーズ」刊行の趣旨

　このシリーズは，化学系を中心に広く理科系（理・工・農・薬）の大学・高専の学生を対象とした，半年の講義に相当する基礎的な教科書・参考書として編まれたものである．主な読者対象としては大学学部の2～3年次の学生を考えているが，企業などで化学にかかわる仕事に取り組んでいる研究者・技術者にとっても役立つものと思う．

　化学の中にはまず「専門の基礎」と呼ぶべき物理化学・有機化学・無機化学のような科目があるが，これらには1年間以上の講義が当てられ，大部の教科書が刊行されている．本シリーズの対象はこれらの科目ではなく，より深く化学を学ぶための科目を中心に重要で斬新な主題を選び，それぞれの巻にコンパクトで充実した内容を盛り込むよう努めた．

　各巻の記述に当たっては，対象読者にふさわしくできるだけ平易に，懇切に，しかも厳密さを失わないように心がけた．

1. 記述内容はできるだけ精選し，網羅的ではなく，本質的で重要な事項に限定し，それらを十分に理解させるようにした．
2. 基礎的な概念を十分理解させるために，また概念の応用，知識の整理に役立つよう，演習問題を設け，巻末にその略解をつけた．
3. 各章ごとに内容に相応しいコラムを挿入し，学習への興味をさらに深めるよう工夫した．

　このシリーズが多くの読者にとって文字通り化学を学ぶ指針となることを願っている．

「化学の指針シリーズ」編集委員会

まえがき

　本書は大学や高専の理工系学部等の，主に化学系の学科・専門課程で学ぶ学生のための，有機工業化学の教科書・参考書として書かれたものである．企業の技術者のための参考書としても役立つものと思う．

　有機工業化学は工業的に生産される有機物質の化学である．そこでは生産の過程に沿って，資源→中間原料→目的物質の流れの中でそれぞれにおいて使われる有機化学反応が位置づけられる．したがって有機工業化学の教科書では，① 有機資源，② 資源から中間原料へ，③ 中間原料から目的物質へ，の過程を主題とし，ほぼこの順に扱われる．本書もそのような構成になっている．

　この中で，石炭，石油のような天然の資源は，複雑な構造であったり多種類の物質の混合物であったりして，基礎的な有機化学の主な対象である単一の物質とは趣を異にする．そのような複雑な組成・構造の資源を単純な構造の中間原料へと変換する過程に一つの重点が置かれるのが，有機工業化学の特徴である．

　一方，生産される目的物質は必要とされる性質によって分ける．有機工業化学の対象となる主なものには，色を利用する物質（染料），界面活性を利用する物質（界面活性剤），香りを利用する物質（香料），薬理活性を利用する物質（医薬・農薬），そして力学的性質を利用する物質（高分子材料）がある．これらの物質の合成においては精密な有機化学の知識が駆使されることも多い．

　既刊の有機工業化学の教科書では，これらの多岐にわたる内容をそれぞれの専門家が分担執筆したものが多いが，本書では全体の流れを重視し，また各事項の相互の関係をなるべくわかりやすくするために，あえて一人の著者

が執筆することとした．

　本書では上記の目的物質の大部分を扱っているが，高分子材料についての独立の章は，本書がシリーズの一冊として紙数が限られていることもあり，設けていない．有機工業化学製品のうちで高分子材料は生産量が格段に大きく，高分子化学は基礎，応用の両面で独自性の高い分野となっており，教科書がいくつも出版されている．

　医薬・農薬には多様な合成物質があるが，それぞれの合成ルートを書いても，一部の群を除いては，統一的な見方は提供できない．そこで既刊の有機工業化学の本の多くでは，多種類の医薬・農薬を効能別に分類し，それらの構造式を枚挙するにとどめている．本書ではそうではなく，構造と活性の相関，作用機構，合成法などが知られた例をいくつか挙げて解説した．医薬・農薬には個性的なものが多く，その発見の歴史などにも触れた．

　本書のもう一つの特徴は，最後に有機工業化学製品の製造プロセスおよび製品自体と環境との関係を考える章を設けたことである．目的物質の製造プロセスには必ず排出物が伴い，製品は使用後いつかはごみとして捨てられる．これらについて考えることも，化学者，化学技術者の責務である．

　本書の執筆に当たっては多くの著書，文献を参考にさせていただいた．いくつかの図表は巻末の「図表出典」に記した文献から，許可を得て転載した．また出版にあたり（株）裳華房の小島敏照氏や編集部の方々には多大のご尽力をいただいた．あわせて心から御礼を申し上げる．

2008 年 9 月

井 上 祥 平

目　次

第1章　はじめに
1.1　有機工業化学とは何か　*1*
1.2　有機化学製品ができるまで　*2*

第2章　有機工業化学製品の資源　*5*

第3章　石　油
3.1　石油の成因・所在・埋蔵量　*10*
3.2　石油の組成と製品　*10*
　3.2.1　ガソリン　*12*
　3.2.2　灯　油　*14*
　3.2.3　軽　油　*14*
　3.2.4　重　油　*14*
　3.2.5　潤滑油　*15*
　3.2.6　その他の製品　*15*
3.3　接触改質の化学　*15*
　3.3.1　開始反応　*16*
　3.3.2　異性化　*17*
　3.3.3　環化と芳香族化　*18*
3.4　接触分解の化学　*19*
　3.4.1　反応機構　*20*
3.5　水素の製造　*21*
3.6　水素化脱硫　*22*

第4章　石油化学と天然ガス化学
4.1　ナフサの分解（クラッキング）　*24*
4.2　芳香族炭化水素の製造　*27*

4.3　エチレンを原料とする合成　27
   4.3.1　塩素化　29
   4.3.2　水　和　29
   4.3.3　アセトアルデヒドへの酸化　30
   4.3.4　酢酸の合成　31
   4.3.5　酢酸ビニルの合成　32
   4.3.6　アセトアルデヒドからの誘導体　33
   4.3.7　エポキシ化　34

4.4　プロピレンを原料とする合成　35
   4.4.1　水　和　37
   4.4.2　アセトンの合成と利用　37
   4.4.3　エポキシ化　38
   4.4.4　ヒドロホルミル化　39
   4.4.5　プロピレンの酸化によるアセトンの合成　41
   4.4.6　メチル基の塩素化　41
   4.4.7　メチル基の酸化　42
   4.4.8　アンモ酸化　43

4.5　C_4炭化水素を原料とする合成　44
   4.5.1　ブタジエンからの誘導品　44
   4.5.2　イソブテンからの誘導品　45
   4.5.3　1-ブテン, 2-ブテンからの合成　46

4.6　直鎖パラフィンおよび環状脂肪族炭化水素からの合成　47
   4.6.1　直鎖パラフィンからアルコールへ　47
   4.6.2　ブタンから無水マレイン酸へ　48
   4.6.3　シクロヘキサンの酸化　48

4.7　芳香族炭化水素からの合成　49
   4.7.1　ベンゼンからの合成　49
   4.7.2　トルエンからの合成　53
   4.7.3　キシレンからの合成　55

4.8　天然ガス　56

4.8.1　メタンから合成ガスの製造　*58*
　　　4.8.2　合成ガスからメタノールの合成　*58*
　　　4.8.3　メタノールからの合成　*59*
　　　4.8.4　水素の利用－アンモニアの合成　*59*
　　　4.8.5　合成ガスまたはメタノールからの炭素－炭素結合の生成　*60*

第5章　石炭とその化学
　5.1　石炭の成因・所在・埋蔵量　*62*
　5.2　石炭の種類と構造　*62*
　5.3　石炭の乾留　*64*
　5.4　コークス炉ガスとコールタール　*65*
　5.5　石炭のガス化と液化　*67*
　　　5.5.1　石炭のガス化　*67*
　　　5.5.2　石炭の液化　*69*
　　　5.5.3　間接的な液化法　*71*

第6章　油脂とその化学
　6.1　生物系資源　*73*
　　　6.1.1　主な生体物質　*73*
　　　6.1.2　生体物質の利用　*74*
　6.2　油脂とは何か　*75*
　6.3　製　油　*79*
　6.4　油脂の加工　*79*
　　　6.4.1　水素添加　*79*
　　　6.4.2　加水分解　*80*
　　　6.4.3　石　鹸　*81*
　　　6.4.4　油脂の関連製品　*81*
　　　6.4.5　高級アルコール　*82*
　　　6.4.6　窒素を含む誘導品　*83*

第7章　有機化学製品にはどんなものがあるか

7.1　電気的性質　　88
7.2　光学的性質　　88
7.3　生 理 活 性　　89
7.4　界 面 活 性　　90
7.5　力学的性質　　90

第8章　染料・顔料・塗料

8.1　染料の分子構造　　95
8.2　染料の合成　　95
　8.2.1　アゾ染料　　96
　8.2.2　アントラキノン染料　　99
　8.2.3　インジゴ系染料　　100
　8.2.4　蛍光増白剤　　101
8.3　染色性と染色法　　102
　8.3.1　染料と繊維の結合　　103
　8.3.2　直 接 染 料　　103
　8.3.3　発色染法（ナフトール染料）　　104
　8.3.4　捺　　染　　105
　8.3.5　媒 染 染 料　　105
　8.3.6　建て染め染料　　106
　8.3.7　分 散 染 料　　106
　8.3.8　反 応 染 料　　107
8.4　顔　　料　　109
8.5　塗　　料　　110
　8.5.1　塗料の分類　　110
　8.5.2　塗 装 方 法　　111

第9章　界面活性剤と洗剤

9.1　界 面 活 性　　116

9.2 界面活性剤　*117*
9.3 界面活性剤の分子の集合　*118*
9.4 界面活性剤の製造　*121*
 9.4.1 陰イオン性界面活性剤　*121*
 9.4.2 陽イオン性界面活性剤　*125*
 9.4.3 両性界面活性剤　*126*
 9.4.4 非イオン性界面活性剤　*128*
 9.4.5 特殊界面活性剤　*131*
 9.4.6 高分子界面活性剤　*131*
9.5 界面活性剤の用途　*133*
 9.5.1 洗剤と洗浄　*133*
 9.5.2 柔軟剤, 帯電防止剤　*134*
 9.5.3 食品分野の用途　*135*

第 10 章　香料と化粧品

10.1 化学感覚の仕組み　*136*
10.2 香りは分類できるか　*137*
10.3 香りは化学構造と関係があるか　*138*
10.4 香料の種類と用途　*140*
10.5 香料の製法　*141*
 10.5.1 天 然 香 料　*141*
 10.5.2 合 成 香 料　*142*
10.6 化 粧 品　*158*
 10.6.1 化粧品の種類・目的・用途　*158*
 10.6.2 化粧品の素材　*160*

第 11 章　医薬と農薬

11.1 医薬と農薬の種類　*167*
11.2 医薬・農薬は設計できるか　*167*
 11.2.1 主作用団と副作用団　*168*

11.2.2　構造特異作用と構造非特異作用　*168*
11.3　医薬・農薬の開発　*169*
11.4　サルファ剤－化学療法剤　*171*
　11.4.1　プロントジルからサルファ剤へ　*172*
　11.4.2　代表的なサルファ剤　*173*
　11.4.3　サルファ剤の作用機序　*175*
　11.4.4　サルファ剤の合成　*176*
11.5　ペニシリン－抗生物質　*177*
　11.5.1　ペニシリンと半合成ペニシリン　*178*
　11.5.2　ペニシリンの作用機序　*180*
　11.5.3　その他の抗生物質　*183*
11.6　抗ヒスタミン剤　*184*
　11.6.1　ヒスタミンの作用機序　*185*
　11.6.2　抗ヒスタミン剤　*186*
　11.6.3　抗ヒスタミン剤の合成　*189*
11.7　アスピリン－解熱鎮痛剤　*190*
11.8　ピレスロイド系殺虫剤　*192*
　11.8.1　ピレスリン類の化学構造　*192*
　11.8.2　ピレスロイドの作用機序　*193*
　11.8.3　ピレスロイドの合成　*195*
11.9　有機リン系殺虫剤　*197*
　11.9.1　有機リン系殺虫剤の作用機序　*199*
　11.9.2　有機リン系農薬の合成　*200*
11.10　有機塩素系農薬　*203*
　11.10.1　DDT　*203*
　11.10.2　その他の有機塩素系殺虫剤　*204*
　11.10.3　有機塩素系除草剤　*205*

第12章　有機工業化学と環境－製造プロセスと製品

12.1　製造プロセスの内と外　*208*

12.2 製品の使用の内と外　　*210*
12.3 製品寿命とごみ　　*211*
12.4 リサイクルを考える　　*212*
12.5 目に見えない廃棄物　　*214*

参 考 文 献　　*217*
図 表 出 典　　*218*
演 習 問 題　　*219*
演習問題の略解　　*222*
索　　引　　*226*

Column

二酸化炭素の利用　　*7*
天然の脂肪酸はなぜ炭素数が偶数か　　*84*
液　晶　　*91*
モーブの発見　　*112*
漆 の 話　　*113*
テルペノイドの生合成　　*163*

第1章 はじめに

　何らかの用途を持ち工業的に生産される有機物質の化学が有機工業化学である．すべての物質は地球上の何らかの資源から出発し，中間原料を経て生産される．その物質は実際に使う最終製品から見ると材料である．製品を使用・消費した後の再使用，材料の再利用，最終的にどのように廃棄されるかも重要である．ここではいくつかの例を挙げて，資源→中間原料→目的物質の流れをたどる．

1.1 有機工業化学とは何か

　有機工業化学とは，工業的に生産される有機物質の化学である．ある物質が工業的に生産されるには，第一に何かのために役立つこと・用途があること，そのために欲しい性質を持つことが必要である．第二に，その物質が技術的に，また経済的に，ある程度の規模で生産できることが必要である．

　すべての物質は地球上の何らかの資源から出発し，中間原料を経て生産される．もちろん，複数の資源から出発し，複数の中間原料を経て目的物質を作る場合がほとんどである．ここでの目的物質は実際に使う形の最終製品から見れば材料である．この一連の流れを図1.1に示す．

　図で製品の右側にある矢印は，製品を使用・消費した後，時には再使用や材料の再利用をし，最終的にはどんな形で廃棄するかも重要であることを示している．このような流れに沿って，有機工業化学は ① 有機資源，② 資源から中間原料へ，③ 原料から目的物質への過程を主題とし，ほぼこの順に

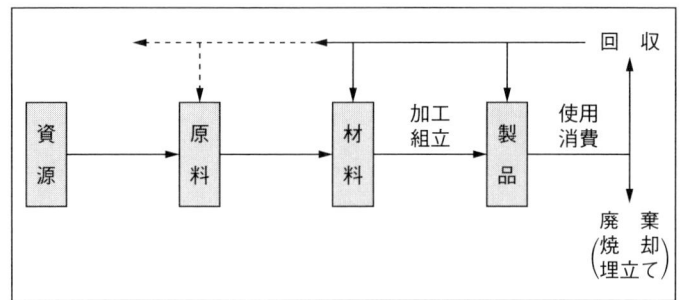

図1.1 資源から製品の製造と回収・廃棄までの流れ

扱う．

　生産される目的物質は，必要とされる性質によって分ける．有機工業化学の対象になる主なものには，色を利用する物質，界面活性を利用する物質，香りを利用する物質，薬理活性を利用する物質，そして力学的性質を利用する物質がある．

　なお，工業化のために必要ないろいろな操作，プロセスの中で，蒸留，抽出，ろ過，等々の，化学変化を伴わない主として物理的な操作は化学工学の対象であり，工業化学には含めない．

1.2　有機化学製品ができるまで

　ここではいくつかの例を挙げて，資源→中間原料→目的物質の流れをたどっておきたい．

1）ポリエチレン

　最も簡単な例はエチレンからのポリエチレンの合成である（図1.2）．原料のエチレンと目的物質のポリエチレンは元素組成が同じである．石油の留分の一つであるナフサを熱分解してエチレンを作り，これを重合させる．こ

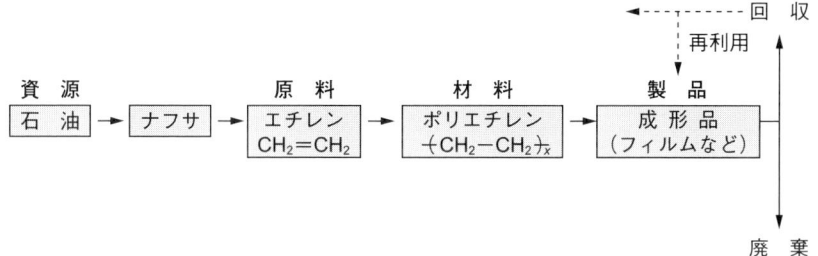

図1.2 ポリエチレンの製造・消費の流れ

のとき必要な物質に開始剤あるいは触媒がある．これは量的にはごく少ない．重合プロセスの種類によっては溶媒を使う．この量は多い．ポリエチレンが高分子物質であることがプラスチックとしての用途の基本になっている．

2）石鹸

石鹸は油脂を水酸化ナトリウムと反応させる（けん化する）ことによって製造される（式1.1）．

$$\begin{array}{l}\text{RCOOCH}_2\\|\\\text{RCOOCH}_2\\|\\\text{RCOOCH}_2\end{array} + 3\,\text{NaOH} \longrightarrow 3\,\text{RCOONa} + \begin{array}{l}\text{CH}_2\text{OH}\\|\\\text{CHOH}\\|\\\text{CH}_2\text{OH}\end{array} \quad (\text{式1.1})$$

資源・原料は天然の油脂である．ここでもう一つの必須の原料，水酸化ナトリウムがある．これは海水中や岩塩の塩化ナトリウムを電気分解することによって製造される．このようなアルカリや酸の製造は無機工業化学の主題の一つである．ここでは水が溶媒・反応剤として使われる．疎水性の長鎖アルキル基，親水性のカルボキシラートイオン基を同一分子の中に持つことが石鹸の示す界面活性の基本である．

3）染料

もう少し構造が複雑な物質の例として，染料オレンジⅡをあげる（図1.3）．ここではナフタレンとベンゼンの二つの物質が出発原料である．それぞれの資源は石炭と石油である．原料から目的物質に至るには多くの段階がある．

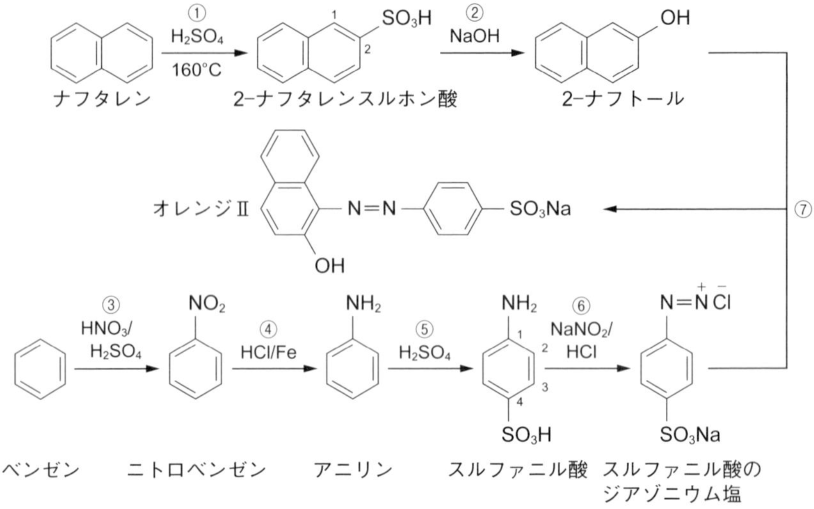

図 1.3 オレンジⅡの合成経路

　また，多くの無機化合物が各段階の原料として使われる．段階①，③，⑤の硫酸は硫黄の酸化によって，③の硝酸はアンモニアの酸化によって作る．そのアンモニアは空気中の窒素と，石油や天然ガスから得られる水素から合成する．④の塩酸は塩素（食塩の電気分解による）と水素から，また鉄は赤鉄鉱の還元によって作る．⑥の亜硝酸ナトリウムはアンモニアの酸化物と水酸化ナトリウムから作られる．色を持つ有機物質に必要な構造は二重結合と単結合が交互につながる共役系である．この例ではアゾ基 $-N=N-$ が特に色の発現に寄与する．

　本書の以下の各章では，まず資源から原料中間体への過程を資源の種類に分けて述べ，ついで原料からの目的物質の製造を，必要とする性質によって分けて説明する．最後の章で，有機化学製品の製造過程および製品そのものと環境のかかわりについて考える．

第 2 章　有機工業化学製品の資源

　地球上の諸元素のうち炭素の存在量は少ない．炭素の最も豊富な存在形態は石灰石であるが，これを焼いて得られる二酸化炭素は反応性に乏しく，有機工業化学製品の原料としてはほとんど使われない．現代の有機工業化学製品の主な資源は石油，石炭のような化石資源であるが，それは再生不可能な資源である．生物系炭素資源は再生可能な資源であるが，その主な役割はわれわれの生命の存立にとって不可欠な食料であることを忘れてはならない．

　有機工業化学製品の資源は，言い換えれば炭素の資源である．地球の表面から10マイル（約16 km）の深さの層までの元素の存在比をクラーク数というが，炭素の存在比は多いほうから10位にも入らない．最も多い元素は酸素で49.5（重量 %），ついでケイ素が25.8，水素は9位で0.87，炭素の存在比は水素の7分の1である．地球上の炭素の最も豊富な存在形態は石灰石（炭酸カルシウム）としてである．石灰石を焼けば二酸化炭素が得られるが，これは有機工業化学製品の原料としては，わずかの例を除いては，使われない．二酸化炭素は炭素の化合物として最も酸化が進み反応性に乏しい状態で，その利用には何かの形でエネルギーを必要とするからである．しかし一方，二酸化炭素は植物が光合成によって炭水化物を作るときの炭素源で，光合成はすべての生物の存在にとって不可欠だから，二酸化炭素は究極の炭素資源といえる．

　現在われわれが有機工業化学製品の資源として使うのは石油，石炭のような化石資源であり，その炭素－炭素，炭素－水素結合が利用される．その名

のように，これらは太古の光合成の遺産とする説が有力である．地球上の炭素の循環（図2.1）は，図の右半分の生物圏では二酸化炭素の生成と消費の均衡が保たれているが，左半分の人類による化石資源の利用では二酸化炭素の生成が増えて均衡を崩し，大気中の二酸化炭素の濃度の上昇をもたらしている．

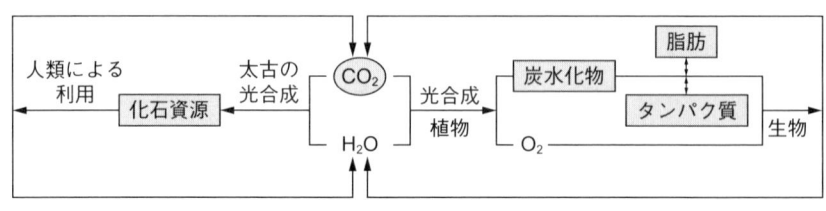

図2.1　炭素の循環

図2.1に見るように，われわれが使う炭素の資源には化石資源と生物系の資源があるが，これらはエネルギー資源でもあり，とりわけ生物系資源は生命活動のための物質・エネルギー資源であることを忘れてはならない．

化石資源の代表である石油について見ると，その消費の大部分は燃料としてであり（図2.2），10％に満たない量のナフサが石油化学製品のために使われるのに過ぎない．

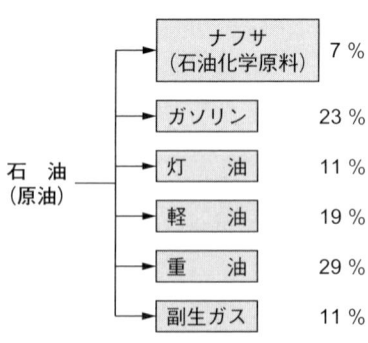

図2.2　石油の留分

一方，生物系の資源の人間にとっての主な役割は食料としてである（炭水化物，脂肪，タンパク質の三大栄養素）．その一部が古くから木材として，また木綿，絹，羊毛のような天然繊維として，あるいは薪炭や照明用の油として使われてきた．最近，やがて来る化石燃料の枯渇に備えて生物系資源をエネルギー資源として使う考えが改めて登場している．しかし，食料生産との関係，再生可能資源といっても時間とエネルギーが必要なことなど，考えるべきことは多い．

二酸化炭素の利用

　現在の二酸化炭素の主な用途は，その不活性な物質としての特徴を利用している．最も身近なのは冷却材としての利用だろう．二酸化炭素の固体，ドライアイスである．-78℃という低温に冷却でき，気化（昇華）してしまうのも都合がよい．第二には圧力源としての用途がある．化粧品や殺虫剤，防水剤などのスプレーや，塗装にも使われる．また無機物の粉末を入れた消火器の押し出し材としても使われる．

　生ビールを樽から押し出すのも二酸化炭素である．この場合には二酸化炭素はもっと積極的な役割を演じているともいえる．ビールにはもともと二酸化炭素が含まれているが，二酸化炭素は水に溶けると一部炭酸になり（つまりいつでも不活性というわけではない）ビールの味にも関係する．この二酸化炭素はビールの製造（デンプンの発酵）の際にできたものである．これを積極的に利用したのが炭酸飲料である．ビールと炭酸飲料の製造会社が同じなのはこのためである．

　二酸化炭素は溶剤としても使われる．抽出への利用はいろいろあり，コーヒーからのカフェインの抽出は代表的な例である．抽出物から二酸化炭素を除くのは他の溶剤と違って容易である．最近では超臨界状態での二酸化炭素の利用に関心が持たれている．

　このように広い用途のある二酸化炭素だが，化学的原料としての利用は意外に少ない．最も量が多いのはアンモニアとの反応による尿素（肥料，樹脂

原料）の製造である（式1）．

$$2\,NH_3 + CO_2 \longrightarrow H_2N-\underset{\underset{O}{\|}}{C}-NH_2 + H_2O \qquad (式1)$$

有機化合物で古くから知られている例にはフェノールからのサリチル酸（医薬などの原料）の合成がある（式2）．

$$\underset{}{C_6H_5OH} + CO_2 \xrightarrow{アルカリ} \underset{}{o\text{-}HOC_6H_4COOH} \qquad (式2)$$

エポキシドとの反応による環状カーボネート（溶剤）の合成もある（式3）．

$$\underset{O}{CH_2-CH_2} + CO_2 \longrightarrow \underset{\underset{O}{\|}}{\underset{O\diagdown C\diagup O}{CH_2-CH_2}} \qquad (式3)$$

この反応で別の触媒を使うと高分子が得られる（式4）．

$$\underset{O}{CH_2-CH_2} + CO_2 \longrightarrow +\!\!\!\left(CH_2CH_2-O-\underset{\underset{O}{\|}}{C}-O\right)\!\!\!\!\!-_x \qquad (式4)$$

交互共重合体

これは二酸化炭素を直接原料とする高分子合成の最初の例であり，実用化への高い関心がある．

第3章　石　　油

　いま突然石油源がなくなったら，近代国家の経済は崩壊してしまうかも知れない．それほど石油の経済的意義は大きい．石油の大部分は燃料として使われるのであり，有機工業製品のための安価な原料の大部分は石油工業の副産物であるといえる．石油からの製品のうち最も重要なのはガソリンである．高性能のガソリンを得るために，接触改質，接触分解など石油成分の構造を変化させるための努力が精力的に行われてきた．

　石油の化学的な，また経済的な意義はとても大きい．石油が広く開発され始める時期は20世紀の初めの内燃機関の発展とほぼ一致している．それ以来，ガソリン，燃料油，潤滑油のような石油製品の割合は，もし石油源が急になくなったら近代国家の経済が崩壊してしまうほどになった．さらに，有機合成のための安価な原料の大部分は石油工業の副産物である．

　近年，世界の石油の供給は無限ではなく，この地質時代の産物を使い尽くす日が来るだろうとの認識が高まった．石油の枯渇がいつ深刻になるかを正確に予想する方法はない．開発による新しい油田の発見は続いている．油田からより効果的に石油を取り出す方法が開発されてきている．この天然資源をいっそうよく利用するために，用途の少ない石油の留分を高価なガソリンに転化するためのさまざまの方法が開発されてきた．

3.1 石油の成因・所在・埋蔵量

石油は太古の動植物プランクトンや藻類が地下に埋没し，還元的雰囲気の中で地熱，地圧などによって変化し，生成したものであるという説が有力である．

言うまでもないが，地殻の中にある石油の量は限られている．このうち技術的，経済的に見て採掘可能と推定される量を可採埋蔵量という．技術の進歩によって採取率が高くなれば可採埋蔵量は大きくなる．このうちある部分が実際に原油として取り出されるわけで，可採埋蔵量をその年の原油の生産量で割ったものが可採年数である．可採埋蔵量は技術の進歩とともに増えるから可採年数も長くなるが，有限であることには変わりがない．

石油の所在する地域は限られている（**表 3.1**）．世界の石油資源のおよそ 60 % が中東地域に存在する．日本の石油産出量はごくわずかである．消費する石油のほとんどすべてを輸入に頼っている．

表 3.1 石油の地域別確認（可採）埋蔵量（園田 昇, 1993[1)]）

確認埋蔵量 1900 億 kL	中東地域	57.4 %
	北・中・南アメリカ	24.9 %
	東西ヨーロッパ	7.7 %
	アフリカ	6.9 %
	アジア・オセアニア	3.0 %

3.2 石油の組成と製品

地下から取り出されたままの石油を原油と呼ぶ．原油の外観は一般に黒褐色で，蛍光を持つ粘い液体である．石油の組成は油田によってさまざまであるが，主な成分は広い範囲の分子量にわたる飽和炭化水素で，メタンから，少量の炭素数 50 の範囲の沸点の高い（重い）油までを含む．シクロペンタン

3.2 石油の組成と製品

とシクロヘキサンの誘導体（ナフテン）も含まれる．かなりの量の芳香族炭化水素を含む石油もある．オレフィン系炭化水素はほとんど含まれていない．少量の硫黄，窒素，酸素の化合物も存在する．硫黄の含量は特に重要である．石油製品の使用中に酸化されて腐食性の酸ができるのを防ぐために硫黄を除かなければならない．また石油は微量の金属元素をも含む．これらは現在は重要ではないと考えられているが，もし，たとえばバナジウムを石油から取りだす有効な方法が見つかれば，使われる石油の量は膨大なので，こうした不純物も価値のあるものになるかも知れない．

　原油からいろいろの処理によってガソリン，燃料油，石油化学原料（ナフサ）などの製品を作る過程を製油，または石油精製と呼ぶ．精製といっても不純物を除いて純粋にするという以上に，目的に合うように化学構造を変化させる．石油精製工程の概略を図 3.1 に示す．

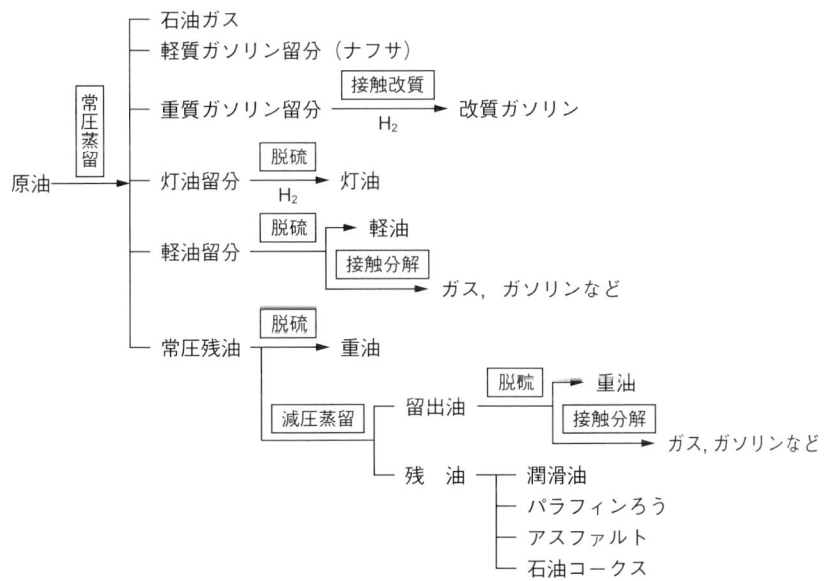

図 3.1　石油精製工程の概略

表 3.2 石油の留分と用途

留分	炭素数	沸点 (°C)	用途
揮発油（ガソリン）（ナフサ）	約 4〜12	30〜200	自動車・航空機用燃料, 工業用洗剤, 石油化学原料
灯油	約 10〜18	150〜300	石油ストーブ用燃料
軽油	約 18〜23	220〜350	ディーゼルエンジン用燃料
重油	約 18〜	350〜	工業用ボイラー燃料, 火力発電用燃料

原油はまず常圧蒸留によって沸点の範囲の異なる留分に分けられる．これらの留分の用途を**表 3.2** に示す．

メタン，エタン，プロパン，ブタンのような気体の炭化水素は「石油ガス」として分離され，主に燃料として使われる．冷やして液体にしたものが液化石油ガス (LPG) である．「プロパンガス」はこのような留分に相当する．

3.2.1 ガソリン

内燃機関のエンジンのシリンダーの中で起こるガソリンの燃焼は，複雑で微妙な反応である．理想的な条件では，ガソリンは完全に酸化されて二酸化炭素と水になる．好ましい運転の条件ではほぼ完全な燃焼が起こるが，一酸化炭素や不完全な酸化の生成物が排気に出る．

シリンダーにはピストンが下がるとともに燃料と空気の混合物が吸い込まれる．弁が閉じ，ピストンが戻ると燃料が圧縮される．圧縮が最大になったとき電気火花で混合物に点火する．燃焼混合物は大量のガスを生じ, 膨張し，ピストンに力を与え，ピストンは下がって元に戻る．

エンジンが有効に働くにはガソリンの二つの性質，適当な揮発性と適当な燃焼速度が，特に重要である．もし反応が速すぎると燃焼は爆発的になり，衝撃波のために「ノッキング」が起こり力のかなりがエンジンブロックに放散してしまう．原油を蒸留して得られるガソリン留分（直留ガソリン）は沸点が 30〜200 ℃ の範囲にあり，大部分は C_6 から C_9（沸点が 100 ℃ 近く）の

3.2 石油の組成と製品

混合物である．こうした混合物は適切な揮発性を持つが，良いアンチノック性がない．鎖状の炭化水素よりも枝分かれの多い異性体，脂環式化合物や芳香族化合物のほうが，エンジンの圧縮比（シリンダーの非圧縮時と圧縮時の容積比）が高くてもノッキングを起こしにくい．

高いアンチノック性の標準としては「イソオクタン」(2,2,4-トリメチルペンタン：**3.1**)が，低いほうにはヘプタン(**3.2**)が選ばれ，それぞれをオクタン価が100および0とする．

$$CH_3-\underset{\underset{CH_3}{|}}{\overset{\overset{CH_3}{|}}{C}}-CH_2-\overset{\overset{CH_3}{|}}{CH}-CH_3 \qquad CH_3-CH_2-CH_2-CH_2-CH_2-CH_2-CH_3$$

3.1 2,2,4-トリメチルペンタン　　　　　　　　　**3.2** ヘプタン
　　　（イソオクタン）

あるガソリンのオクタン価は，そのアンチノック性を上記二つの化合物の混合比と対比させて求める．2,2,4-トリメチルペンタンよりも高いアンチノック性を示す化合物もあり，そのオクタン価は100よりも大きい．直留ガソリンのオクタン価は20〜70の範囲にある．

オクタン価を改善するには二つの方法がある．一つはアンチノック剤の添加で，かつての代表はテトラエチル鉛（四エチル鉛）であった．しかし有害な鉛化合物が排出されることから使われなくなり，現在ではメチル t-ブチル エーテル(**3.3**)などに代わっている．

もう一つの方法は直留ガソリンを改質（リホーミング）して分枝化合物の含量を増やすことである．改質はガソリンを室温か少し上の温度で遷移金属を担持した酸触

$$CH_3-O-\underset{\underset{CH_3}{|}}{\overset{\overset{CH_3}{|}}{C}}-CH_3$$

3.3 メチル t-ブチル エーテル
　　　(MTBE)

媒の上に通して行う．普通は分解と異性化の両方が起こるが，低い温度では分解は最小限に抑えられる．分解（クラッキング：石油からのガソリンの収率を増すために行う）と異性化の機構は後に述べる．

ガソリン留分の一部（ナフサ）は石油化学製品の原料として使われる．量的には石油全体から見ると少ないが，ここから多種多様の有機工業化学製品が生み出される．

3.2.2 灯油

灯油はガソリンのすぐ上の沸点の石油留分で，家庭用などの小さい熱源として用いられる．この名はかつては照明が主な用途であったことを示している．煤のない明るい炎を得るには，芳香族成分の一部を除かなければならない．不飽和化合物は酸で抽出して除く．また，灯油は触媒により分解してガソリン，気体のアルカン，アルケンを得る．直留灯油はナフテン含量が高い．

3.2.3 軽油

軽油は沸点が 220〜350℃ の留分である．かなりの部分は分解してガソリンの製造に使う．軽油はディーゼルエンジンの燃料としても重要である．ディーゼルエンジンの原理はガソリンエンジンとは違う．まず空気だけをシリンダーに入れ，ガソリンエンジンの場合よりも高い圧力で圧縮する（圧縮比は 12：1〜20：1）．急速に圧縮すると温度が 300℃ 以上になる．ここで燃料を噴霧して入れると自動的に着火する．この条件ではガソリンエンジンによいアンチノック性の燃料では着火が遅すぎる．そこでディーゼルエンジンでは燃料はセタン価で評価する．セタン価はセタン（ヘキサデカン：オクタン価は非常に低い）を 100，α-メチルナフタレン（着火が非常に遅い）を 0 とする尺度である．

3.2.4 重油

石油ガス，ガソリン，灯油，軽油などの留分を常圧蒸留で取り出した残りが常圧残油である．これから硫黄分を除き，重油として火力発電用燃料，工業用ボイラー燃料として使う．常圧残油の一部は減圧蒸留にかけ，留出油は

接触分解によりガス，ガソリンなど各留分に転化する．

減圧蒸留の残油は黒色，粘い半固体状で石油アスファルトといい，主に道路舗装に用いられる．

3.2.5 潤滑油

蒸留で残った高分子量の液体は広く潤滑油として使われる．この場合低温でも流動しにくくなったり固体が出たりしないように精製が行われる．溶媒による抽出によって芳香族や不飽和化合物を除く．鎖状パラフィンを除くことも行われる．溶けた部分を冷やすとパラフィンろうが固体として出る．精製した油には酸化を防止し性質を改善するための添加物を加える．少量の合成樹脂を加えると潤滑油の流動点を下げることができる．

3.2.6 その他の製品

蒸留できる留分の種々の混合物が溶剤として使われる．石油エーテル，石油ベンジン，リグロインなどさまざまの沸点範囲と成分炭化水素のものがある．石油エーテルは30〜60℃の沸点の留分で，主にペンタン類とヘキサン類を含む．リグロインは主として炭素数6〜8の炭化水素の混合物である．半固体の留分には医薬用軟膏に使うペトロラータム，ワセリンがある．

石油を水素を加えずに徹底的な分解蒸留にかけると，炭素質の残渣，石油コークスが得られる．このような残渣の生成は，揮発性の炭化水素の収率を高めようとするプロセスでは避けられない．プロセス全体では分解で生成した短い鎖の末端に水素原子が再配分されることが必要だからである．

3.3 接触改質の化学

接触改質の主な目的は高オクタン価のガソリンを製造することである．改質（リホーミング）によってオクタン価40〜50の直留ガソリンがオクタン

価90～100の高性能ガソリンになる．これは化学的には直鎖状の炭化水素が枝分かれの多い，または環状や芳香族の炭化水素に変換されることである．

接触改質は触媒を用い，水素気流中で行う．触媒はアルミナ-シリカ，ゼオライトのような固体酸に遷移金属を担持したものである．金属として代表的なものは白金である．第二成分としてはレニウムなどが用いられる．固体酸の役割は炭化水素の異性化，環化を行うことであり，遷移金属は水素化，脱水素，水素化分解，芳香族化のために働く．芳香族化に伴い水素が生成するが，これは反応系内で利用されるとともに，他の目的，たとえば脱硫にも利用される．反応は460～530℃，7～30気圧で行い，芳香族に富む（50～70％）ガソリンが得られる．残りの大部分は枝分かれ炭化水素である．

3.3.1 開始反応

シリカ-アルミナやゼオライトのような固体酸にはルイス酸点とブレンステッド酸点がある（式3.1）．

$$\text{ゼオライト} \xrightleftharpoons[\text{Na}^+]{\text{H}^+} \text{ブレンステッド酸点} \rightleftharpoons \text{ルイス酸点} \quad (式3.1)$$

$$\text{ゼオライト} = (\text{Na}_m(\text{AlO}_2)_m(\text{SiO}_2)_n \cdot x\,\text{H}_2\text{O})$$

反応系に熱分解または遷移金属触媒による脱水素によってオレフィンが生成すると，ブレンステッド酸点と反応してカルボカチオンができる（式3.2）．

$$\text{(ブレンステッド酸点)} + \text{R}-\text{CH}=\text{CH}-\text{R}' \longrightarrow \text{(ルイス酸点)} + \text{R}-\text{CH}_2-\overset{+}{\text{C}}\text{H}-\text{R}' \quad (式3.2)$$

これが異性化などの開始反応である．

3.3.2 異性化

鎖状アルカンから分枝アルカンへの異性化は，簡単な構造のアルカンについてモデル反応が研究されている（例：式3.3）.

$$CH_3CH_2CH_2CH_3 \xrightleftharpoons[150\,°C]{AlBr_3\,または\,AlCl_3\,（ルイス酸）} CH_3\text{-}\underset{\underset{CH_3}{|}}{\overset{\overset{CH_3}{|}}{CH}} \quad (式3.3)$$

ブタン　　　　　　　　　　イソブタン（2-メチルプロパン）

乾燥したハロゲン化アルミニウムでは反応は起こらず，痕跡量のハロアルカン，アルコール，またはアルケン＋水が「プロモーター」として必要である．こうしたプロモーターがカルボカチオンを作り，転位を起こす連鎖反応が開始される．鍵となる段階は炭化水素からカルボカチオンへの水素の移動を含む変換反応である．

開始

$$R\text{-}Cl + AlCl_3 \rightleftharpoons R^+Al\bar{C}l_4 \quad (式3.4)$$
（プロモーター）

水素の移動（形式上水素のアニオン，ヒドリドイオンとして）

$$R^+ + CH_3CH_2CH_2CH_3 \longrightarrow RH + CH_3\overset{+}{C}HCH_2CH_3 \quad (式3.5)$$

$$CH_3\overset{+}{C}HCH_2CH_3 \rightleftharpoons \overset{+}{C}H_2CH_2CH_2CH_3 \quad (式3.6)$$

転位（メチル基の移動を含む）

$$CH_3\overset{+}{C}HCH_2CH_3 \longrightarrow (CH_3)_2\overset{+}{C}HCH_2 \quad (式3.7)$$

$$(CH_3)_2\overset{+}{C}HCH_2 + CH_3CH_2CH_2CH_3 \longrightarrow (CH_3)_2CHCH_3 + CH_3\overset{+}{C}HCH_2CH_3 \quad (式3.8)$$

連鎖の停止

$$R^+ + AlCl_4^- \longrightarrow R-Cl + AlCl_3 \qquad (式3.9)$$

これがオクタン価の低いガソリンの接触改質の原型である．

3.3.3 環化と芳香族化

環化にはまずアルカンの脱水素によってアルケンが生成することが必要である．アルケンから固体酸の作用でヒドリドイオンが脱離して不飽和基を持つカルボカチオンができ，分子内で付加して5員環のカルボカチオンができる（例：式3.10）．

$$CH_3CH_2CH_2CH=CH_2 \xrightarrow{-H^-} CH_3\overset{+}{C}HCH_2CH_2CH=CH_2 \qquad (式3.10)$$

1-ヘキセン　環化

ここでヒドリドイオンの移動，転位が起こり，6員環のカルボカチオンになる（式3.11）．

(式3.11)

実際，ルイス酸によるメチルシクロペンタンからシクロヘキサンへの異性化はよく研究されている（式3.12）．

(式3.12) $AlCl_3, H_2O$

平衡は速やかに達せられ，25℃では5員環が12.5%，6員環が87.5%生

成する. 6員環カルボカチオンから固体酸の作用でプロトンの脱離が起こり，遷移金属触媒による脱水素が進むと芳香族炭化水素になる（式 3.13）.

$$\text{(シクロヘキシルカチオン)} \xrightarrow[\text{(オレフィンへ)}]{-H^+} \text{(シクロヘキセン)} \xrightarrow{-H_2} \text{(ベンゼン)} \quad \text{(式 3.13)}$$

 これらの反応過程には第三級カルボカチオンから第一級カルボカチオンへの転位が含まれている. 一般にカルボカチオンの安定性は第三級 > 第二級 > 第一級の順であるから，これは異常なことといえる. しかしこのことは反応条件の違いとして理解できる. 一般のカルボカチオンを経る求核置換反応（S_N1 機構）ではカルボカチオンが生成するとすぐに反応し，その寿命は非常に短い. これに対し接触異性化ではカルボカチオンの寿命は相対的に長い. なぜなら反応混合物の中の求核剤の濃度は低いからである. またカルボカチオンは繰り返し生成できる. 結果的に改質の操作では相対的に不安定なイオンを含む変換が起こることになる.

3.4 接触分解の化学

 接触分解の主な目的は高沸点留分，主に軽油をガソリン留分に変換することである. 触媒としてはシリカ-アルミナ, ゼオライトのような固体酸を使う. 炭素-炭素結合の切断のほかに，異性化, 環化, 芳香族化, 脱水素, 脱アルキル化なども起こる. そのため分枝アルカン，芳香族炭化水素が多く生成する.
 代表的なプロセスは流動式接触分解である. 原料油と流動状態の微粒状固体触媒を反応管の下部で 450～550℃ で接触させる. 油が気化して反応管を上昇する数秒間のうちに反応は完結する. この方法で重質軽油から 50 重量 % 以上の高オクタン価（90 以上）のガソリンと，その三分の一量の軽質軽油が得られる. オレフィンも含まれるので酸化防止剤を加えて安定化する.

反応後触媒はサイクロンにより分解生成物と分離される．触媒はスチームで油分を除き，550～600℃で付着炭素を焼却除去して再生し，反応塔に戻す．

3.4.1　反応機構

固体酸触媒による反応は基本的には接触改質と同じであり，カルボカチオンを経由して起こる．接触分解にとって特徴的なのは，カルボカチオンに隣接する炭素とさらにその隣の炭素との間の結合の切断，すなわち β 切断である（式 3.14）．

$$-R-\overset{+}{C}H-CH_2\!\!\mid\!\!CH_2-R' \longrightarrow R-CH=CH_2 + \overset{+}{C}H_2-R' \quad (式\ 3.14)$$

第一級カルボカチオンは不安定で，すぐに第二級，第三級カルボカチオンに異性化し，その後 β 切断が起こるので，生成するオレフィンはプロピレン，ブテン，ペンテンなどが多く，エチレンの生成は少ない（式 3.15）．その点は熱分解反応（後出）と大きく異なるところである．

$$RCH_2CH_2CH_2\overset{+}{C}H_2 \xrightarrow{異性化} RCH_2\!\!\mid\!\!CH_2\overset{+}{C}HCH_3$$
$$\longrightarrow R\overset{+}{C}H_2 + CH_2=CH-CH_3 \quad (式\ 3.15)$$
$$\text{プロピレン}$$

分枝アルカンへの異性化の機構はすでに 3.3.2 項で述べたのと同じである．環化の機構も 3.3.3 項と同様である．しかし接触分解では遷移金属触媒は用いないので，芳香族環生成に必要な脱水素は共存するオレフィンへの水素移動によって起こると考えられる（式 3.16）．

$$\overset{+}{\bigcirc}\!\!H + RCH=CHR' \xrightarrow{H^+ 移動} \bigcirc + RCH_2-\overset{+}{C}HR'$$
$$\xrightarrow{H^- 移動} \underset{+}{\bigcirc} + RCH_2-CH_2R' \quad (式\ 3.16)$$

このカルボカチオンからオレフィンへのプロトンの移動，ヒドリドの移動が繰り返されて芳香族炭化水素が生成する．

石油留分の分解には，ほかに触媒を使わずに 750～900 ℃ で行う熱分解があるが，主な目的は石油化学製品の原料となるオレフィン類の製造であり，これについては 4.1 節で述べる．

3.5 水素の製造

水素は後の各章に出てくる不飽和化合物の水素化，次節に述べる水素化脱硫など多くのプロセスにおいて重要な役割を果たす原料である．これまで述べたように，石油留分中の鎖状炭化水素の環化，特に芳香族化においては水素が発生するが，水素の主な製造法は炭素（石炭からのコークス）あるいは炭化水素（石油，天然ガスから）と高温の水蒸気との反応による．

石油系炭化水素からの合成では，あらかじめ脱硫した油をアルミナに担持させたニッケル触媒の上で水蒸気と 20 気圧，750～850 ℃ で反応させる．この方法は水蒸気改質と呼ばれ，式 3.17，3.18 の反応によって水素，一酸化炭素，二酸化炭素の混合物が生成する．

$$C_mH_n + m\,H_2O \longrightarrow m\,CO + \left(m + \frac{n}{2}\right)H_2 \quad \text{(吸熱)} \qquad \text{(式 3.17)}$$

$$CO + H_2O \longrightarrow H_2 + CO_2 \quad \text{(発熱)} \qquad \text{(式 3.18)}$$

上式の段階が大きい吸熱であるため反応全体が吸熱となるので，高温条件が適用される．高温を保つため水蒸気とともに酸素を混合する場合がある（部分燃焼法）（式 3.19）．

$$C_mH_n + \frac{m}{2}O_2 \longrightarrow m\,CO + \frac{n}{2}H_2 \quad \text{(発熱)} \qquad \text{(式 3.19)}$$

水蒸気改質によって生成する反応ガスには一酸化炭素が含まれるので，上の式 3.18 の反応（水性ガス移動反応）を行う．鉄－クロム系触媒（反応温度約

500℃) または銅－亜鉛系触媒 (300℃) を使う．生成する二酸化炭素はエタノールアミンなどに加圧吸収させて除く．吸収液は低圧下で二酸化炭素を放出するので，循環使用する．

　この方法は，コークスと高温水蒸気との反応で水素と一酸化炭素の混合ガス（合成ガス）を得る方法が石油系炭化水素に展開されたものである．合成ガスの製造については4.8.1項で述べる．

3.6 水素化脱硫

　石油に含まれる硫黄，窒素，酸素，金属の化合物は反応装置の腐食や触媒の劣化の原因となり，またこれらの不純物は特に沸点の高い留分に濃縮され，重油を火力発電や工業用ボイラーの燃料として使うと硫黄分は硫黄酸化物となって大気汚染の原因となる．

　そこで各留分からこれらの不純物を除去するが，相対的に含量の多い硫黄分の除去が特に重要な目標となる．そのための水素化分解は，硫黄，窒素によって被毒されないコバルト-モリブデン系触媒（アルミナ，ゼオライト担持）を用い，水素100気圧，300～400℃で行う．硫黄分は主としてアルキル鎖を持つチオフェン類の形で含まれている．これが水素化，開環し，硫黄分はついには硫化水素になる（式3.20）．

$$\underset{R^1\ \ \ \ \ \ R^4}{\overset{R^2\ \ \ R^3}{\underset{S}{\bigcirc}}} \xrightarrow{2H_2} \underset{R^1\ \ \ S\ \ \ R^4}{\overset{R^2\ \ \ R^3}{\bigcirc}} \xrightarrow{H_2} R^1CH_2\overset{R^2}{C}H\overset{R^3}{C}H\overset{R^4}{C}HSH$$

$$\xrightarrow{H_2} R^1CH_2\overset{R^2}{C}H\overset{R^3}{C}HCH_2R^4 + H_2S \quad （式3.20）$$

　水素化脱硫で生成する硫化水素はアミン系溶剤（エタノールアミン，ジエタノールアミンなど）に吸収させる．この反応は可逆的である（式3.21）．

3.6 水素化脱硫

$$H_2S + 2 \begin{array}{c} R \\ R \end{array}\!\!\!\diagdown NH \underset{\substack{減圧 \\ 加熱}}{\overset{加圧}{\rightleftarrows}} \left(\begin{array}{c} R \\ R \end{array}\!\!\!\diagdown \overset{+}{N}H_2 \right)_2 S^{2-} \qquad (式 3.21)$$

吸収液を減圧で加熱して放出させた硫化水素は,一部を燃焼させ二酸化硫黄とし,さらに硫化水素と二酸化硫黄との反応を行って単体硫黄とする(式3.22,式3.23).

$$H_2S + \frac{3}{2} O_2 \longrightarrow SO_2 + H_2O \qquad (式 3.22)$$

$$2\,H_2S + SO_2 \xrightarrow[200-260\,°C]{ボーキサイト} 3\,S + 2\,H_2O \qquad (式 3.23)$$

単体硫黄は硫酸や種々の含硫黄製品,ゴム加硫剤の原料となる.現在日本では単体硫黄の大部分は重油の水素化脱硫で得られるものが使われている.

第4章 石油化学と天然ガス化学

　石油化学の基本は，石油の主な成分である飽和炭化水素を反応性に富む不飽和炭化水素に変換し，これを出発原料にして多様な有機化合物を導くことである．まず石油の低沸点留分であるナフサを分解してオレフィン類，芳香族炭化水素を作る．そしてこれらから種々の有機化学製品の合成が行われる．またメタンを主な成分とする天然ガスを原料とする製造プロセスもある．

　石油の主な成分である飽和炭化水素は反応性に乏しい．これを不飽和炭化水素に変換し，その反応性を利用して多様な有機化合物に導くのが石油化学の基本である．もう一つの柱は，石油留分の接触改質によって得られる芳香族化合物の反応性を利用することである．

4.1 ナフサの分解（クラッキング）

　前述のように，ナフサは主に炭素数6〜9の炭化水素の混合物である．これを熱分解することによって炭素数が2, 3, 4などのオレフィンが得られる．
　熱分解は遊離基（フリーラジカル，ラジカル）の関与する連鎖反応によって進む．熱分解の行われる500℃ほどの温度では，まず炭化水素の炭素－炭素結合または炭素－水素結合が切れてラジカルができる．この切断は結合のエネルギーが小さいほど起こりやすい．炭素－炭素結合エネルギーの大きさは第一級＞第二級＞第三級＞第四級の順であるから，結合の切断は第四級炭素において最も起こりやすく，第一級炭素の結合は最も切れにくい

4.1 ナフサの分解（クラッキング）

(4.1)．炭素－水素結合の切断についても同様である (4.2)．

$$
\begin{array}{c}
\text{R}^1\ \text{R}^4 \\
|\quad | \\
\text{R}^2-\text{C}-\text{CH}-\text{CH}_2-\text{CH}_3 \\
|\quad \\
\text{R}^3
\end{array}
\quad \text{最も切れにくい} \\
\text{最も切れやすい}
$$

四級 三級 二級 一級

4.1 C－C 結合の切断

$$
\begin{array}{c}
\text{R}^1\ \text{H}\ \text{H} \\
|\quad |\quad | \\
\text{R}^2-\text{C}-\text{C}-\text{C}-\text{H} \\
|\quad |\quad | \\
\text{H}\ \text{H}\ \text{H}
\end{array}
\quad \text{最も切れにくい} \\
\text{最も切れやすい}
$$

4.2 C－H 結合の切断

炭素－炭素結合と炭素－水素結合を比べると前者のほうが結合エネルギーが小さく，前者の切断のほうが起こりやすい．たとえば 2-メチルブタンの熱分解で起こりやすいのは式 4.1 の反応である．

$$
\text{CH}_3-\underset{\underset{\text{CH}_3}{|}}{\text{CH}}-\text{CH}_2-\text{CH}_3 \longrightarrow
\begin{cases}
\text{CH}_3-\overset{\bullet}{\text{CH}}-\text{CH}_2-\text{CH}_3\ +\ \bullet\text{CH}_3 \\
\text{CH}_3-\underset{\underset{\text{CH}_3}{|}}{\text{CH}}\bullet\ +\ \bullet\text{CH}_2\text{CH}_3
\end{cases}
\quad (\text{式 4.1})
$$

こうして生成した炭素ラジカルは反応性が高く，結合エネルギーの小さい炭素－水素結合と反応して水素を引き抜き，新たなラジカルが生成する（例：式 4.2）．

$$
\bullet\text{CH}_3\ +\ \text{CH}_3-\text{CH}_2-\text{CH}_2-\text{CH}_3 \longrightarrow \text{CH}_3-\overset{\bullet}{\text{CH}}-\text{CH}_2-\text{CH}_3\ +\ \text{CH}_4 \quad (\text{式 4.2})
$$

ここに生成した炭化水素ラジカルは β 切断を起こし，1-オレフィン（α オレフィン，末端オレフィン）と第一級ラジカルになる（例：式 4.3）．

$$
\text{R}^1-\text{CH}_2\underset{\beta}{\vdots}\text{CH}_2-\overset{\bullet}{\text{CH}}-\text{R}^2 \longrightarrow \text{R}-\text{CH}_2\bullet\ +\ \text{CH}_2=\text{CH}-\text{R}^2 \quad (\text{式 4.3})
$$

第一級ラジカルは炭化水素の他の分子，あるいは同一分子内の水素を引き抜いてより安定な第二級ラジカルが生成する（式 4.4）．

$$
\text{R}-\text{CH}_2-\text{CH}_2\bullet\ +\ \text{R}^1-\text{CH}_2-\text{R}^2 \longrightarrow \text{R}-\text{CH}_2-\text{CH}_3\ +\ \text{R}^1-\overset{\bullet}{\text{CH}}-\text{R}^2 \quad (\text{式 4.4})
$$

こうして水素引き抜きと β 切断が続いて起こり，反応は連鎖的に進む．ラジカル同士が結合すると反応連鎖は停止するが，ラジカルの濃度が低いのでこれはあまり起こらない．

　熱分解の方式の代表は管状炉方式である．直径約 5 cm の管に原料油と水蒸気を送り，800〜900 ℃ で 0.2〜1.2 秒間加熱分解し，急冷する．こうしてコークス化や重合を抑える．表 4.1 に分解生成物の一例を示す．

表 4.1　ナフサ熱分解生成物の組成の例（村井眞二，1993[1)]）

分解生成物	組　成（重量 %）
水素，メタン，エタン，プロパン	19.3
エチレン	31.3
アセチレン	1.7
プロピレン	13.2
C_4 炭化水素（ブタジエン以外）	4.7
ブタジエン	4.0
C_5〜bp 200 ℃ 以下	19.8
重質油	6.0

　分解生成物は主に低温分離法によってエチレン，プロピレン，C_4 留分等に分離精製する．C_4 留分は 1,3-ブタジエン（30〜40 %）とイソブテン（イソブチレン）（約 30 %）を多く含む．これらは蒸留，溶媒抽出（N-メチルピロリドン，ジメチルホルムアミドなど）により分別される．ブタジエンは C_4 留分中のブタン，1-ブテン，2-ブテンの脱水素によっても得られる．C_5 留分中には約 15 % のイソプレンが含まれ，抽出蒸留により分ける．また留分中の他の C_5 炭化水素の脱水素などによっても得られる．

　ナフサの 750〜900 ℃ での熱分解ではエチレンの生成が主になる（式 4.5）．これは直鎖パラフィンの熱分解で生成するラジカルの β 切断が高温では速く進むためである．

$$R-CH_2-CH_2-CH_2\cdot \longrightarrow R-CH_2\cdot + CH_2=CH_2 \qquad (式 4.5)$$

熱分解におけるエチレンの生成は，接触分解（前出）ではプロピレンが多いのと対照的である．

4.2 芳香族炭化水素の製造

ベンゼン，トルエン，キシレン（以上を BTX と呼ぶ）のような芳香族炭化水素はかつては石炭を元に作られていたが，現在では大部分石油から製造されている．

ガソリン留分の接触改質で得られる改質ガソリンには 50 % 以上の芳香族成分が含まれている．ここから溶剤抽出により芳香族炭化水素を分離する．抽出溶剤には芳香族化合物と脂肪族化合物の溶解性の差の大きいものが用いられ，ジエチレングリコールまたはトリエチレングリコール，テトラメチレンスルホンなどがある．抽出物は精留によりベンゼン，トルエン，C_8（キシレン）留分に分ける．C_8 異性体は互いに沸点が近く蒸留だけでは分けられない．沸点の最も低いエチルベンゼン（スチレンの原料になる）と最も高い o-キシレン（無水フタル酸の原料）を精密蒸留で分け，残った m-キシレンと p-キシレン（テレフタル酸の原料）は低温冷却するなどの方法で分離する．

4.3 エチレンを原料とする合成

エチレンからの合成に利用される反応は，二重結合への付加（重合，塩素化，水和）と酸化（アセトアルデヒドへの酸化とエポキシ化）である．量的に最も大きいのは付加重合によるポリエチレンの合成であるが，その他の反応はそれらの生成物からの誘導体の合成を含めると実に多様である（図 4.1）．この節ではそれらをまとめて説明する．

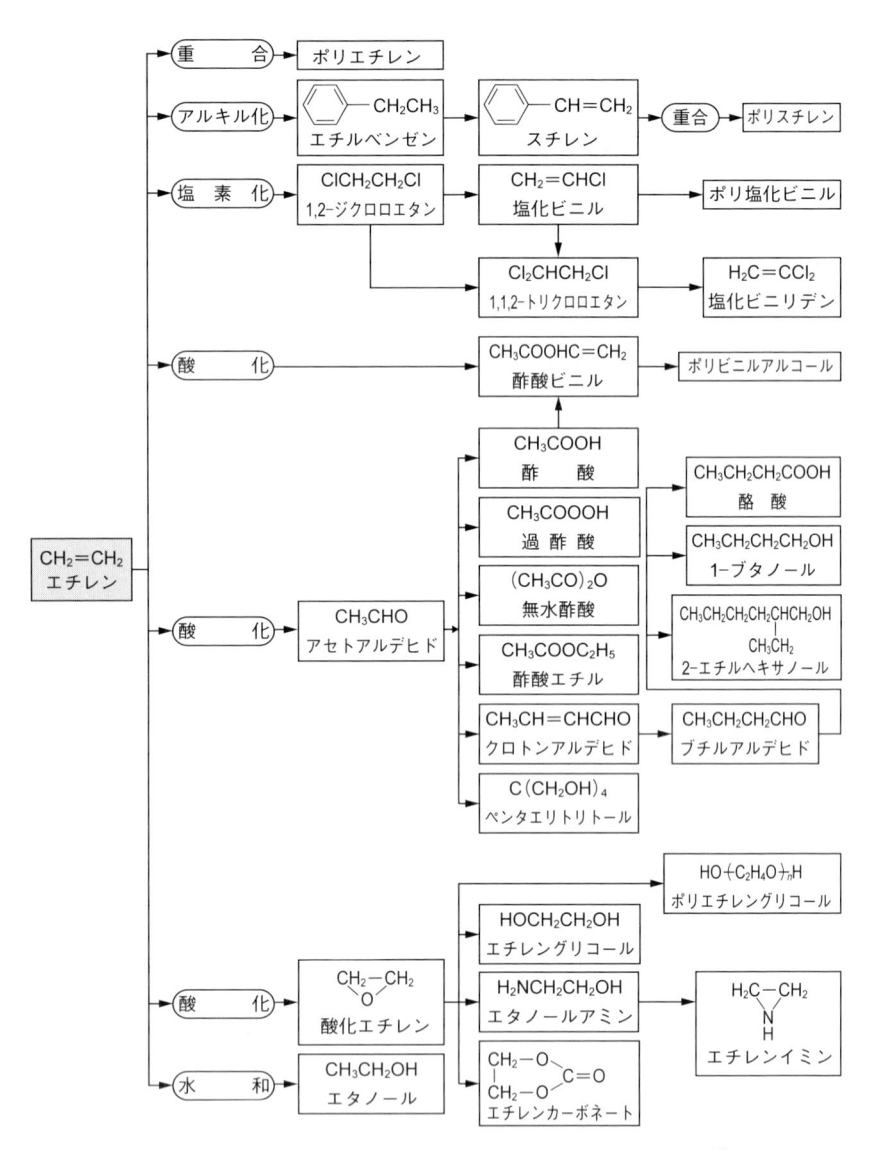

図 4.1 エチレンを原料とする主要合成系統図（村井眞二, 1993[1]）

4.3.1 塩素化

エチレンに塩素を付加させると1,2-ジクロロエタンが生成し，その脱塩化水素によって塩化ビニルが得られる（式4.6）．塩化ビニルはポリ塩化ビニルの原料として重要である．

$$CH_2=CH_2 + Cl_2 \xrightarrow{FeCl_3 触媒} Cl-CH_2-CH_2-Cl \xrightarrow[熱分解]{-HCl} CH_2=CH-Cl \quad （式4.6）$$

ここで副生する塩化水素を利用するため，オキシ塩素化（オキシクロル化）が併用される（式4.7）．

$$CH_2=CH_2 + 2HCl + \frac{1}{2}O_2 \xrightarrow[CuCl_2 触媒]{-H_2O} ClCH_2CH_2Cl \quad （式4.7）$$

全体としては式4.8のようになる．

$$2CH_2=CH_2 + Cl_2 + \frac{1}{2}O_2 \longrightarrow 2CH_2=CH-Cl + H_2O \quad （式4.8）$$

触媒の二価の銅はいったん一価に還元され，酸素との反応によって二価に戻ると考えられている．

塩化ビニルまたは1,2-ジクロロエタンをさらに塩素化すると1,1,2-トリクロルエタンが生成し，その脱塩化水素によって塩化ビニリデンが得られる（式4.9）．塩化ビニリデンはそのポリマーの原料となる．

$$\begin{matrix} CH_2=CH-Cl + Cl_2 \\ Cl-CH_2-CH_2-Cl + Cl_2 \end{matrix} \underset{-HCl}{\searrow} ClCH_2CHCl_2 \xrightarrow[\substack{Ca(OH)_2 \\ または \\ NaOH}]{-HCl} CH_2=CCl_2 \quad （式4.9）$$

4.3.2 水和

エチレンに水を付加させる（水和）とエタノールが得られる．有機化学の教科書に出てくる基本的な反応は，硫酸を付加させてエタノールの硫酸エステルにし，それを加水分解することである（式4.10）．

$$CH_2=CH_2 + H_2SO_4 \longrightarrow CH_3-CH_2-OSO_3H \xrightarrow{H_2O} CH_3-CH_2-OH \quad (式 4.10)$$

工業的には固体リン酸触媒を用いる気相合成法による（式 4.11）．

$$CH_2=CH_2 + H_2O \xrightarrow{固体リン酸触媒} CH_3CH_2OH \quad (式 4.11)$$

古くからあるエタノールの合成法はデンプンなどの糖類を発酵させることである．

4.3.3 アセトアルデヒドへの酸化

アセトアルデヒドの合成は，かつてはアセチレンの水銀塩触媒による水和により行われていた（式 4.12）．

$$CH\equiv CH + H_2O \xrightarrow{HgSO_4} CH_3CH=O \quad (式 4.12)$$

しかし，触媒として用いられる無機水銀化合物が変換された有機水銀化合物（例：CH_3HgCl）が工場排水に入って海に放出され，魚介類に濃縮されて常食する人々に重い障害を引き起こした．水俣病である．化学工業と化学技術の「陰」を問うこととなったこのプロセスは，今は使われないものになっている．

現在実施されているアセトアルデヒドの合成は，エチレンを塩化パラジウム(II)－塩化銅(II) 触媒を用いて酸化する方法（ヘキスト-ワッカー法）により行われる．これは形式的にはエチレンの C–H が C–OH に置換される反応である．推定されている反応機構は，エチレンのパラジウム(II) への配位，水の付加と炭素－パラジウム結合の生成，パラジウム(II) の配位子の脱離とパラジウム(0) の生成などを含むものである（式 4.13）．

$$CH_2=CH_2 + PdCl_2 \longrightarrow \begin{matrix}CH_2\\ \| \cdots PdCl_2\\ CH_2\end{matrix} \xrightarrow[-HCl]{H_2O} \begin{matrix}CH_2OH\\ |\\ CH_2-PdCl\end{matrix} \longrightarrow$$

$$\begin{matrix}CHOH\ |\\ \| \cdots\cdots Pd-Cl\\ CH_2\end{matrix} \longrightarrow \begin{matrix}HO-CH-PdCl\\ |\\ CH_3\end{matrix} \longrightarrow \begin{matrix}O=CH\\ |\\ CH_3\end{matrix} + Pd + HCl \quad (式4.13)$$

触媒系の中の塩化銅(II)はパラジウム(0)を塩化パラジウム(II)に再生するのに使われる（式4.14）．

$$Pd + 2CuCl_2 \longrightarrow PdCl_2 + Cu_2Cl_2 \quad (式4.14)$$

塩化銅(I)は酸素で酸化されて塩化銅(II)に戻る（式4.15）．

$$Cu_2Cl_2 + \frac{1}{2}O_2 + 2HCl \longrightarrow 2CuCl_2 + H_2O \quad (式4.15)$$

全体としては式4.16, 4.17のようになる．

$$CH_2=CH_2 + PdCl_2 \longrightarrow C_2H_4 \cdot PdCl_2 \longrightarrow CH_3CHO + Pd + 2HCl \quad (式4.16)$$

$$Pd + 2HCl + \frac{1}{2}O_2 \xrightarrow{CuCl_2 触媒} PdCl_2 + H_2O \quad (式4.17)$$

4.3.4 酢酸の合成

かつてはアセトアルデヒドの用途の大半は酢酸の合成の原料としてであった．酢酸マンガン(III)を触媒としてアセトアルデヒドを空気酸化すると酢酸が生成する（式4.18）．

$$CH_3CHO \xrightarrow[Mn^{3+}]{O_2} CH_3COOH \quad (式4.18)$$

しかし現在では酢酸は主にメタノールと一酸化炭素との反応（カルボニル化）によって製造されている（モンサント法：式4.19）．

$$CH_3OH + CO \xrightarrow[\substack{20-30 気圧\\ 175-200\ ℃}]{Rh 触媒/I_2} CH_3COOH \quad (式4.19)$$

この反応の原料となるメタノールは，一酸化炭素と水素から合成され（p.59 の式4.90参照），一酸化炭素と水素の混合物（合成ガス）は石炭，天然ガス（メタン），石油留分などから得られるが，ここであわせて述べる．

式4.19の反応の推定機構は図4.2のようである．メチル－ロジウム錯体の生成と一酸化炭素の挿入によるアセチル錯体の生成，アセチル基の脱離（ロジウムから見ると酸化的付加と還元的脱離）が鍵になっている．メタノールはいったんヨウ化メチルになって反応する．

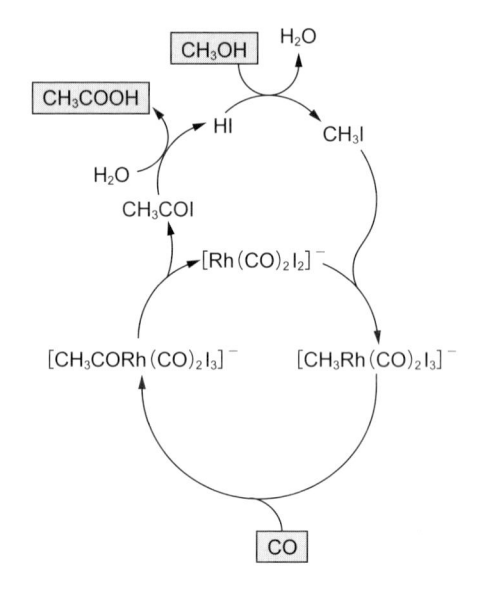

図4.2 メタノールのカルボニル化による酢酸合成の機構

酢酸の古くからの製造法はデンプンの発酵によるものである（醸造酢）．

4.3.5 酢酸ビニルの合成

酢酸ビニルはそのポリマー，ポリビニルアルコールなど合成繊維，接着剤，塗料などの重要な原料である．かつてはアセチレンに酢酸を付加させて合成

されたが，現在はエチレンと酢酸から製造する（式4.20）．

$$CH_2=CH_2 + CH_3COOH + \frac{1}{2}O_2 \xrightarrow[\substack{150\sim200\,°C \\ 5\,気圧}]{Pd\,触媒} CH_2=CH-OCCH_3 \atop \substack{\| \\ O} \quad (式\ 4.20)$$

反応は形の上ではエチレンのC−HをアセテートC−OCOCH₃に置換するものである．反応機構は式4.13～4.15と同様であると考えられる．

4.3.6 アセトアルデヒドからの誘導体

アルデヒドに特徴的な反応を利用してアセトアルデヒドからさまざまの有機化学品が作られる．

アルミニウムトリエトキシドを触媒とするティチェンコ反応により酢酸エチルが得られる（式4.21）．

$$2CH_3CHO \xrightarrow[20\,°C]{Al(OC_2H_5)_3\,触媒} CH_3COOC_2H_5 \quad (式\ 4.21)$$

これは1分子のアルデヒドが酸化されてカルボン酸となり，もう1分子は還元されてアルコールになり，これらからエステルが生成することに相当する．酢酸エチルは溶剤として多く用いられる．

アルドール縮合を行えばアセトアルドールを経てクロトンアルデヒドが得られる．これを水素化するとブチルアルデヒド，さらに1-ブタノールが得られる．1-ブタノールはアクリル酸，酢酸などのエステルとして塗料，可塑剤などに広い用途がある．ブチルアルデヒドからはさらにアルドール縮合，水素化により2-エチルヘキサノールが得られる．1-ブタノールと2-エチルヘキサノールは無水フタル酸との反応でフタル酸ジエステルとし，ポリ塩化ビニルなどの可塑剤として利用される（式4.22）．

$$2\,CH_3CHO \xrightarrow{NaOH} \underset{OH}{CH_3\underset{|}{CH}CH_2CHO} \xrightarrow{-H_2O} CH_3CH=CHCHO \xrightarrow[CuO-Cr_2O_7\,触媒]{H_2}$$

$$CH_3CH_2CH_2CHO \xrightarrow[Ni\,触媒]{H_2} CH_3CH_2CH_2CH_2OH$$

$$\downarrow NaOH$$

$$\underset{CH_3CH_2CH_2CHOH}{CH_3CH_2\underset{|}{CH}CHO} \xrightarrow{-H_2O} \xrightarrow{H_2} \underset{CH_3CH_2CH_2CH_2}{CH_3CH_2\underset{|}{CH}CH_2OH} \qquad (式4.22)$$

4.3.7 エポキシ化

エチレンを銀触媒により空気酸化すると酸化エチレン(エチレンオキシド)が得られる(式4.23).

$$CH_2=CH_2 + \frac{1}{2}O_2 \xrightarrow[\substack{250-300\,°C \\ 10-25\,気圧}]{Ag\,触媒} \underset{O}{CH_2-CH_2} \qquad (式4.23)$$

銀以外にはエチレンオキシドを高収率で与える触媒は知られていないが,さらに酸化の進んだ二酸化炭素がエチレンの 15～20 % も副生する.

エチレンオキシドはエポキシ環の高い反応性を利用してさまざまな有機化学品に誘導される.水を付加させるとエチレングリコールが得られる(式4.24).

$$\underset{O}{CH_2-CH_2} + H_2O \xrightarrow[\substack{150-200\,°C \\ 20-40\,気圧}]{} HOCH_2CH_2OH \qquad (式4.24)$$

エチレングリコールの最も重要な用途はポリエステルの合成原料としてである.また水の不凍剤としても用いられる.

反応させる水の割合を減らしていくと,ジ,トリ,…ポリエチレングリコールが得られる.ポリエチレングリコール類は界面活性剤などの合成に利用される(式4.25).

$$\text{HOCH}_2\text{CH}_2\text{OH} + \underset{O}{\text{CH}_2-\text{CH}_2} \longrightarrow \text{HOCH}_2\text{CH}_2\text{OCH}_2\text{CH}_2\text{OH}$$

$$\xrightarrow{\underset{O}{\text{CH}_2-\text{CH}_2}} \cdots \longrightarrow \text{HO}(\text{CH}_2\text{CH}_2\text{O})_n\text{H} \quad (式4.25)$$

ジエチレングリコールを脱水すると1,4-ジオキサン(溶剤)が得られる(式4.26).

$$\text{HOCH}_2\text{CH}_2\text{OCH}_2\text{CH}_2\text{OH} \xrightarrow{-\text{H}_2\text{O}} \begin{array}{c} \text{H}_2\text{C}-\text{O}-\text{CH}_2 \\ | \quad\quad | \\ \text{H}_2\text{C}-\text{O}-\text{CH}_2 \end{array} \quad (式4.26)$$

エチレンオキシドをアンモニアと反応させると,エタノールアミン類が得られる(式4.27).

$$\underset{O}{\text{CH}_2-\text{CH}_2} + \text{NH}_3 \xrightarrow[1 気圧]{30-350℃} \text{H}_2\text{NCH}_2\text{CH}_2\text{OH} \text{ など} \quad (式4.27)$$

エタノールアミンは酸性ガス吸収用溶剤として使われる.

エチレンオキシドを二酸化炭素と反応させるとエチレンカーボネート(溶剤)が得られる(式4.28).

$$\underset{O}{\text{CH}_2-\text{CH}_2} + \text{CO}_2 \xrightarrow[\substack{160℃ \\ 7気圧}]{触媒} \begin{array}{c} \text{CH}_2-\text{O} \\ | \quad\quad \;\;\backslash \\ \text{CH}_2-\text{O} \end{array}\!\!\!\!\!\text{C}=\text{O} \quad (式4.28)$$

4.4 プロピレンを原料とする合成

プロピレンからの合成に用いられる反応の第一は二重結合への付加である.量的に最も大きいのは重合によるポリプロピレンの合成であるが,他の付加反応や酸化反応によって多様な誘導品が合成される.もう一つ,エチレンにはない反応にメチル基の反応がある.二重結合に隣接するメチル基は飽和炭化水素の場合に比べて反応性が高く,これを利用して種々の化合物が合

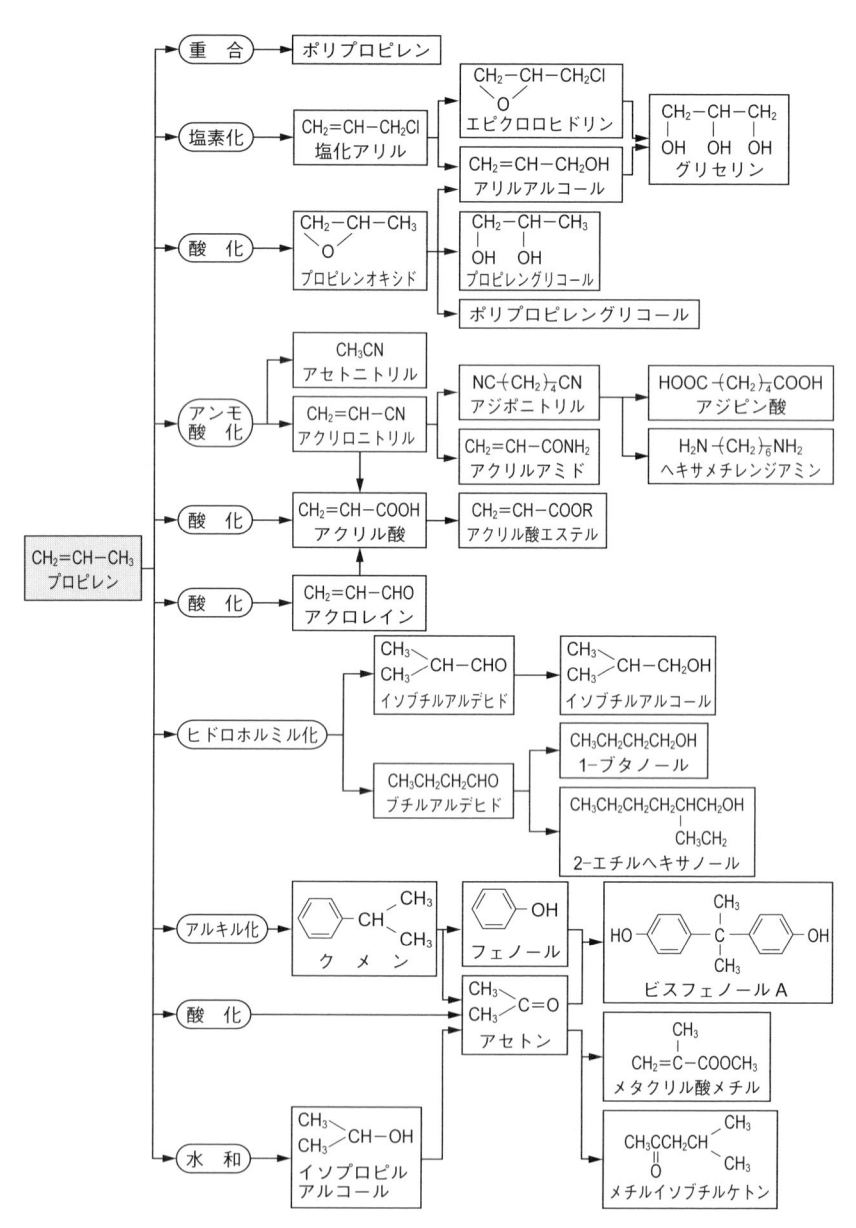

図4.3 プロピレンを原料とする主要合成系統図（村井眞二, 1993[1])）

成される(図4.3).

4.4.1 水和

オレフィンの水和では直鎖のアルコールは得られず第二級,第三級アルコールが生成する.プロピレンに硫酸を付加させ,生成する硫酸エステルを加水分解するとイソプロピルアルコール(2-プロパノール)が生成する(式4.29).これは,酸からのプロトンが付加してできるカルボカチオンは第一級よりも第二級のほうが安定だからである.

$$CH_2=CHCH_3 \xrightarrow{H^+} \begin{Bmatrix} CH_3\overset{+}{C}HCH_3 \\ (\overset{+}{C}H_2CH_2CH_3) \end{Bmatrix} \xrightarrow{H_2SO_4} CH_2-CH-CH_3 \xrightarrow{H_2O} CH_3-CH-CH_3 \quad (式4.29)$$
$$ OSO_3H OH$$

タングステン系触媒を用いて直接水和する方法がある(式4.30).腐食性の硫酸を使わないので優れている.

$$CH_2=CHCH_3 + H_2O \xrightarrow[\substack{250\,°C \\ 150-200\,気圧}]{H_2WO_4\,触媒} CH_3-CH-CH_3 \quad (式4.30)$$
$$ OH$$

イソプロピルアルコールは溶剤のほか合成化学原料として用いられる.その代表はアセトンの合成である.

4.4.2 アセトンの合成と利用

アセトンは古くは糖蜜の発酵によってブタノールと一緒に作られていたが(アセトン-ブタノール発酵),現在の合成法の一つはイソプロピルアルコールの脱水素である(式4.31).

$$CH_3CHCH_3 \xrightarrow[300-400\,°C]{ZnO\,触媒} CH_3CCH_3 + H_2 \quad (式4.31)$$
$$ OH O$$

アセトンはプロピレンの直接酸化によっても合成される（p. 41 の式 4.41 参照）．

アセトンは，溶剤としての用途のほかメタクリル酸メチルなどの合成原料として重要である．メタクリル酸メチルはアセトンとシアン化水素を反応させて得たアセトンシアノヒドリンを経て作る（式 4.32）．

$$CH_3CCH_3\text{（=O）} + HCN \xrightarrow[10\,°C]{\text{アルカリ触媒}} CH_3\underset{OH}{\overset{CN}{C}}CH_3 \xrightarrow[60\text{-}95\,°C]{H_2SO_4} CH_2=\underset{}{\overset{CONH_2}{C}}-CH_3$$

$$\xrightarrow[70\text{-}90\,°C]{CH_3OH} CH_2=\underset{}{\overset{COOCH_3}{C}}-CH_3 \quad (\text{式 4.32})$$

シアン化水素を用いないメタクリル酸の合成には C_4 化合物を原料とする方法がある（p. 46 の式 4.61 参照）．

アセトンのアルドール縮合，生成物の水素化によってメチルイソブチルケトン（溶剤）が合成される（式 4.33）．

$$2\,\underset{CH_3}{\overset{CH_3}{>}}C=O \xrightarrow{\text{アルドール縮合}} \xrightarrow{-H_2O} \underset{CH_3}{\overset{CH_3}{>}}C=CHCCH_3\text{（=O）}$$

$$\xrightarrow[\substack{Cu\text{-}Cr\,\text{触媒}\\180\,°C}]{H_2} \underset{CH_3}{\overset{CH_3}{>}}CH-CH_2CCH_3\text{（=O）} \quad (\text{式 4.33})$$

4.4.3 エポキシ化

プロピレンをエチレンと同様に空気酸化すると，メチル基の酸化が優先しアクロレインが主生成物となってエポキシドの収率は低い．そこで次のような合成法が用いられている．

1） クロロヒドリン法

プロピレンに次亜塩素酸を付加させ，生成したクロロヒドリンから脱塩化

水素によりプロピレンオキシドを得る（式4.34）．

$$CH_2=CHCH_3 \xrightarrow{HOCl\,(H_2O+Cl_2)} \underset{\underset{(OH)}{Cl}}{CH_2}-\underset{\underset{(Cl)}{OH}}{CHCH_3} \xrightarrow[Ca(OH)_2]{-HCl} CH_2-CHCH_3 \quad （式4.34）$$
（最終生成物はエポキシド：$CH_2\text{-}CHCH_3$ with O bridge）

2）ヒドロペルオキシドによるエポキシ化

分子状酸素よりも温和な酸化力を持つヒドロペルオキシドによりエポキシ化を行う．ヒドロペルオキシドは，エチルベンゼン，イソブタンなどの炭化水素を酸素により酸化すると生成する（式4.35，4.36）．

$$R-H + O_2 \longrightarrow R-O-O-H$$
$$R=Ph(Me)CH-,\ Me_3C-\ など \qquad （式4.35）$$

$$CH_2=CHCH_3 + R-O-O-H \xrightarrow{Mo,W\,触媒} CH_2-CHCH_3 + R-OH \quad （式4.36）$$
（エポキシド）

プロピレンオキシドを水和するとプロピレングリコール（1,2-プロパンジオール）が得られる（式4.37）．プロピレングリコールはポリエステル，ポリウレタンなどの原料になる．

$$CH_2-CHCH_3 + H_2O \xrightarrow[20\,気圧]{200\,℃} \underset{OH}{CH_2}-\underset{OH}{CHCH_3} \quad （式4.37）$$

4.4.4 ヒドロホルミル化

遷移金属錯体を触媒としてプロピレン，一酸化炭素，水素を反応させると，ブチルアルデヒドとイソブチルアルデヒドが生成する（式4.38）．

$$CH_2=CHCH_3 + CO + H_2 \xrightarrow[200\,気圧]{Co_2(CO)_8 \atop 150\,℃} CH_3CH_2CH_2CHO + \underset{CHO}{CH_3CHCH_3} \quad （式4.38）$$

これはオレフィンに共通の反応であり，ヒドロホルミル化またはオキソ合成

法と呼ばれる．触媒としてはコバルトやロジウムのカルボニル錯体が用いられる．

　ヒドロホルミル化の反応機構は，まず錯体と水素の反応で金属ヒドリド錯体ができ，この水素－金属結合にオレフィン，ついで一酸化炭素が挿入してアシル錯体となり，これが水素と反応してアルデヒドが生成しヒドリド錯体が再生する（例：式 4.39, 4.40）．

$$Co_2(CO)_8 \xrightarrow{H_2} 2H-Co(CO)_4 \rightleftarrows 2H-Co(CO)_3 + 2CO \quad (式 4.39)$$

$$H-Co(CO)_3 + CH_2=CHR \rightleftarrows RCH_2-CH_2-Co(CO)_3 + R-\underset{\underset{CH_3}{|}}{C}H-Co(CO)_3$$

$$+CO \downarrow \uparrow -CO$$

$$RCH_2-CH_2-CO-Co(CO)_3 + R-\underset{\underset{CH_3}{|}}{C}H-CO-Co(CO)_3$$

$$H_2 \downarrow \uparrow H-Co(CO)_3$$

$$RCH_2-CH_2CH=O + R-\underset{\underset{CH_3}{|}}{C}H-CHO \quad (式 4.40)$$

　プロピレンのヒドロホルミル化の生成物のうち需要が多いのは直鎖のブチルアルデヒドであるが，コバルト錯体触媒では直鎖対分枝の選択率は約 3：1 である．ロジウム錯体触媒 $HRh(CO)(PPh_3)_3$ を使うと選択率は約 90 % と大きく向上する．このロジウム錯体触媒は可溶で反応は均一系で進むが，生成物と触媒の分離が困難である．そこで配位子のトリフェニルホスフィンのメタ位をスルホン化して触媒を水溶性にし，反応を水中で行って触媒の分離を容易にする方法が開発され，工業化されている．

　これらのアルデヒドは水素化してそれぞれ 1-ブタノール，イソブタノールが合成される．ブチルアルデヒドからアルドール縮合を経て 2-エチルヘキサノールが合成されることはすでに述べた（式 4.22）．

4.4.5 プロピレンの酸化によるアセトンの合成

すでに述べたように,アセトンはプロピレンの水和によるイソプロピルアルコールの生成,その脱水素を経て合成することができるが(式 4.31),プロピレンを直接酸化することによっても合成できる.これはエチレンの酸化によってアセトアルデヒドを合成するのと同じで,パラジウム－銅触媒を用いるワッカー法である(式 4.41).

$$CH_3CH=CH_2 \xrightarrow[\substack{H_2O \\ 120\,°C}]{O_2/Pd-Cu\,触媒} CH_3\underset{\underset{O}{\|}}{C}CH_3 \qquad (式\ 4.41)$$

反応は形式上は二重結合の C－H の C－OH への変換である(式 4.42).

$$CH_3CH=CH_2 \longrightarrow \left(\begin{array}{c} CH_3C=CH_2 \\ | \\ OH \end{array} \right) \rightleftarrows CH_3\underset{\underset{O}{\|}}{C}CH_3 \qquad (式\ 4.42)$$

反応は式 4.13～4.16 に示したのと同様の機構で進むと考えられる.

4.4.6 メチル基の塩素化

プロピレンを高温,気相で塩素と反応させると,二重結合への付加ではなくメチル基の置換反応が起こり,塩化アリルが生成する(式 4.43).

$$CH_2=CHCH_3 + Cl_2 \xrightarrow{500\,°C} CH_2=CHCH_2Cl + HCl \qquad (式\ 4.43)$$

反応はラジカル機構により進む(式 4.44～4.46).

$$Cl_2 \longrightarrow 2\,Cl\cdot \qquad (式\ 4.44)$$

$$Cl\cdot + CH_2=CHCH_3 \longrightarrow CH_2=CHCH_2\cdot + HCl \qquad (式\ 4.45)$$

$$CH_2=CHCH_2\cdot + Cl_2 \longrightarrow CH_2=CHCH_2Cl + Cl\cdot \qquad (式\ 4.46)$$

塩化アリルからは次亜塩素酸の付加,脱塩化水素によりエピクロロヒドリン

が合成される．これはエポキシ樹脂などの原料となる（式 4.47）．

$$CH_2=CHCH_2Cl \xrightarrow{HOCl(Cl_2+H_2O)} \underset{\underset{(OH)}{Cl}}{CH_2}-\underset{\underset{(Cl)}{OH}}{CH}-\underset{Cl}{CH_2} \xrightarrow[Ca(OH)_2]{-HCl} CH_2-CH-CH_2Cl \diagdown O \diagup \quad \text{(式 4.47)}$$

エピクロロヒドリンと水との反応でグリセリン（グリセロール）が製造される（式 4.48）．グリセリンはアルキド樹脂，ニトログリセリン，化粧品，などの原料として重要である．

$$\underset{\diagdown O \diagup}{CH_2-CH}-CH_2Cl + H_2O \xrightarrow[150\,°C]{NaOH} \underset{\underset{OH}{|}}{CH_2}-\underset{\underset{OH}{|}}{CH}-CH_2OH \quad \text{(式 4.48)}$$

グリセリンはまた塩化アリルからアリルアルコールを経る過程によっても合成される（式 4.49）．

$$CH_2=CHCH_2Cl \xrightarrow{NaOH} CH_2=CHCH_2OH \xrightarrow[NaWO_4\,触媒]{H_2O_2} \underset{\underset{OH}{|}}{CH_2}-\underset{\underset{OH}{|}}{CH}-CH_2OH \quad \text{(式 4.49)}$$

グリセリンはまた油脂の加水分解によっても製造される（p.80 の式 6.1 参照）．

4.4.7　メチル基の酸化

　プロピレンを酸化モリブデン－酸化ビスマス系などの触媒により空気酸化するとメチル基が酸化されてアクロレインが生成する．これをさらに酸化モリブデン－酸化バナジウム系を触媒として酸化するとアクリル酸が得られる（式 4.50）．

$$CH_2=CHCH_3 \xrightarrow[\substack{MoO_3-Bi_2O_3\,触媒\\330-370\,°C}]{O_2} CH_2=CHCHO \xrightarrow[\substack{MoO_3-V_2O_5\,触媒\\300\,°C}]{O_2} CH_2=CH-COOH \quad \text{(式 4.50)}$$

アクリル酸は,かつてはアセチレン,一酸化炭素,水をニッケル触媒で反応させるレッペ法により合成されていたが,今は行われていない.アクリル酸は主にエステル化してアクリル酸メチルとし,塗料,接着剤など多くの用途がある.

4.4.8 アンモ酸化

プロピレンをアンモニアの存在下で空気酸化するとアクリロニトリルが合成できる(アンモ酸化,ソハイオ法:式 4.51).

$$CH_2=CHCH_3 + NH_3 + \frac{3}{2}O_2 \xrightarrow[\substack{400-450\ ℃ \\ 1-3\ 気圧}]{触媒} CH_2=CH-CN + 3H_2O \quad (式\ 4.51)$$

触媒には酸化モリブデン－酸化ビスマス－酸化鉄,酸化アンチモン－酸化鉄－酸化テルルなどが用いられる.シアン化水素 HCN とアセトニトリル CH_3CN がかなりの量副生する.シアン化水素はアセトンとの反応を経るメタクリル酸メチルの合成に利用される(式 4.32).アセトニトリルは溶剤として用いられる.

アクリロニトリルは,かつてはアセチレンへのシアン化水素の付加により合成されていたが(式 4.52),今は行われていない.

$$CH\equiv CH + HCN \xrightarrow{CuCl-NH_4Cl} CH_2=CH-CN \quad (式\ 4.52)$$

アクリロニトリルはアクリル繊維,ABS 樹脂などの主要原料であり,また各種の合成中間体に誘導される.

アクリロニトリルを酸化銅触媒で加水分解するとアクリルアミドが得られる(式 4.53).これはポリアクリルアミドの原料である.

$$CH_2=CH-CN \xrightarrow[\substack{CuO \\ 80-120\ ℃}]{H_2O} CH_2=CH-CONH_2 \quad (式\ 4.53)$$

アクリルアミドをさらに加水分解するとアクリル酸が得られる．しかし現在のアクリル酸の製造はプロピレンの直接酸化によっている（式 4. 50）.

4.5　C_4 炭化水素を原料とする合成

ナフサの分解によって得られる C_4 留分には，1, 3-ブタジエン，ついでイソブテンが多く含まれている（**表 4. 2**）.

表 4. 2　C_4 留分の組成例

1,3-ブタジエン	43 %
イソブテン	23
1-ブテン	17
2-ブテン	13
イソブタン ブタン	4

4.5.1　ブタジエンからの誘導品

C_4 留分の中で最も重要なのは 1, 3-ブタジエンで，主な用途は付加重合によるスチレン－ブタジエンゴムなどの合成ゴムの製造原料としてである．そのほかに付加反応を利用したいくつかの用途がある.

1）クロロプレンの合成

1, 3-ブタジエンの気相塩素化，付加生成物の脱塩化水素によってクロロプレンが合成される（式 4. 54，4. 55）．クロロプレンはクロロプレンゴム（CR）の原料である.

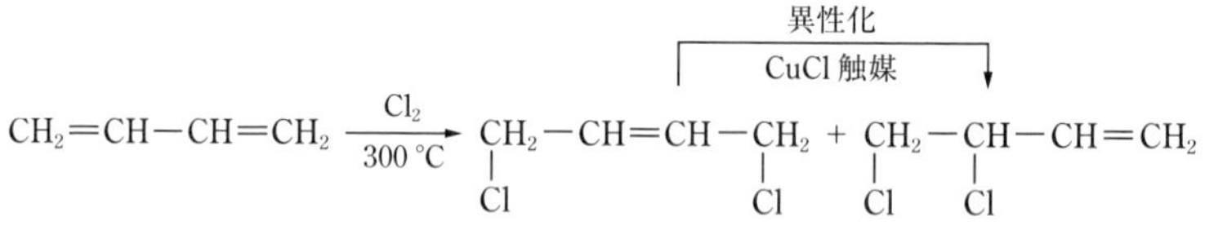
異性化
CuCl 触媒
CH₂=CH−CH=CH₂
Cl₂
300 °C
CH₂−CH=CH−CH₂
Cl
Cl
+
CH₂−CH−CH=CH₂
Cl
Cl

（式 4. 54）

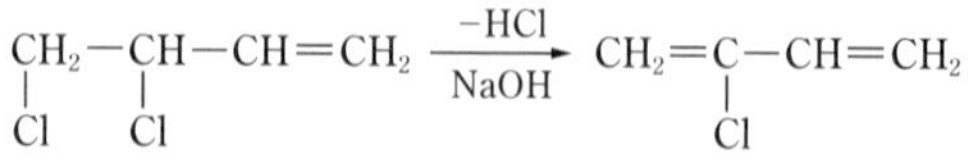
CH₂−CH−CH=CH₂
Cl
Cl
−HCl
NaOH
CH₂=C−CH=CH₂
Cl

（式 4. 55）

2）1, 4-ブタンジオールの合成

1, 3-ブタジエンに酢酸を付加させ，ついで水素化および加水分解を行う

と 1,4-ブタンジオールが得られる（式 4.56, 4.57）．

$$CH_2=CH-CH=CH_2 + 2CH_3COOH \xrightarrow[\text{(AcOH)}]{\text{1) Pt-Te 触媒}}_{\text{2) }H_2/70\,°C/70\,気圧}$$

$$AcO-CH_2CH_2CH_2CH_2-OAc \qquad (式 4.56)$$

$$AcOCH_2CH_2CH_2CH_2OAc \xrightarrow[-AcOH]{H_2O} HOCH_2CH_2CH_2CH_2OH \qquad (式 4.57)$$

4.5.2 イソブテンからの誘導品

イソブテン（イソブチレン）を重合させて得られる合成ゴムにブチルゴムがある．そのほかイソブテンの二重結合およびメチル基の反応を利用して種々の有機化学品が合成される．

1）水，メタノールの付加

イソブテンを水和すると t-ブチルアルコールが得られる（式 4.58）．

$$(CH_3)_2C=CH_2 + H_2O \longrightarrow (CH_3)_3C-OH \qquad (式 4.58)$$

メタノールを付加させるとメチル t-ブチル エーテル（MTBE）が生成する（式 4.59）．

$$(CH_3)_2C=CH_2 + CH_3OH \xrightarrow{\text{酸触媒}} (CH_3)_3C-OCH_3 \qquad (式 4.59)$$

MTBE はオクタン価の向上剤としてガソリンに添加される（3.2.1 項参照）．

2）二量化

イソブテンは酸触媒で二量化し，生成物を水素化してオクタン価の高い「イソオクタン」（p.13 の構造式 3.1）を合成することができる（式 4.60）．反応は固体リン酸（ピロリン酸をケイ藻土に担持させたもの）を用い，1500 °C，20～30 気圧で行う．

$$CH_3-\underset{CH_3}{\underset{|}{C}}=CH_2 \xrightarrow{H^+} CH_3-\underset{CH_3}{\underset{|}{\overset{+}{C}}}-CH_3 \xrightarrow{(CH_3)_2C=CH_2} CH_3-\underset{\underset{CH_3}{|}}{\overset{CH_3}{|}}{C}-CH_2-\underset{\underset{CH_3}{|}}{\overset{CH_3}{|}}{\overset{+}{C}} \xrightarrow{-H^+}$$

$$CH_3-\underset{\underset{CH_3}{|}}{\overset{CH_3}{|}}{C}-CH=\underset{CH_3}{\overset{CH_3}{|}}{C} \xrightarrow[\text{Ni 触媒}]{H_2} CH_3-\underset{\underset{CH_3}{|}}{\overset{CH_3}{|}}{C}-CH_2-\underset{CH_3}{\overset{CH_3}{|}}{CH} \quad (式 4.60)$$

3）直接酸化

イソブテンのメチル基の酸素酸化により，メタクロレインを経てメタクリル酸が合成される（式4.61）.

$$CH_2=\underset{CH_3}{\overset{CH_3}{|}}{C}-CH_3 \xrightarrow{\underset{MoO_3-Bi_2O_3-Fe_2O_3}{O_2}} CH_2=\underset{}{\overset{CH_3}{|}}{C}-CHO \xrightarrow{\underset{MoO_5-P_2O_5}{O_2}} CH_2=\underset{}{\overset{CH_3}{|}}{C}-COOH$$

（式 4.61）

メタクリル酸はエステル化してメタクリル酸メチルとし，アクリル樹脂などの原料とする．メタクリル酸をアセトンからシアノヒドリンを経て合成する方法についてはすでに述べた（式 4.32）.

4）アンモ酸化

イソブテンをアンモ酸化によりメタクリロニトリルとし，ついで加水分解することによってもメタクリル酸が得られる（式 4.62）.

$$CH_2=\underset{CH_3}{\overset{CH_3}{|}}{C}-CH_3 + O_2 + NH_3 \xrightarrow{MoO_3-Bi_2O_3-Fe_2O_3} CH_2=\underset{}{\overset{CH_3}{|}}{C}-CN \xrightarrow{H_2O} CH_2=\underset{}{\overset{CH_3}{|}}{C}-COOH$$

（式 4.62）

4.5.3　1-ブテン，2-ブテンからの合成

C_4留分からのブテン混合物を 60～65％硫酸で処理してイソブテンを吸収させ，残りを水和すると 2-ブタノールが得られる．これを脱水素すると

メチルエチルケトン（溶剤）が合成される（式4.63）.

$$\left.\begin{array}{l}CH_2=CH-CH_2CH_3 \\ CH_3CH=CHCH_3\end{array}\right\} \xrightarrow{H_2O} CH_3-\underset{OH}{\underset{|}{C}H}CH_2CH_3 \xrightarrow[\text{ZnO} \atop 400\text{°C}]{-H_2} CH_3-\underset{O}{\underset{\|}{C}}-CH_2CH_3 \quad \text{(式 4.63)}$$

メチルエチルケトンはブテンのワッカー法による酸化によっても合成できる（式4.64）.

$$\left.\begin{array}{l}CH_2=CH-CH_2CH_3 \\ CH_3CH=CHCH_3\end{array}\right\} \xrightarrow[\text{PdCl}_2-\text{CuCl}_2]{O_2} CH_3-\underset{O}{\underset{\|}{C}}-CH_2CH_3 \quad \text{(式 4.64)}$$

1-ブテン，2-ブテン，1,3-ブタジエンを酸化バナジウムを触媒として空気酸化すると無水マレイン酸が得られる（式4.65）.

$$\left.\begin{array}{l}CH_2=CH-CH_2CH_3 \\ CH_3CH=CHCH_3 \\ CH_2=CH-CH=CH_2\end{array}\right\} \xrightarrow[\substack{V_2O_5 \\ 350-450\text{°C} \\ 1-3\text{気圧}}]{O_2} \begin{array}{c}O \\ \| \\ C \\ / \ \ \backslash \\ \ \ \ \ \ \ O \\ \backslash \ / \\ C \\ \| \\ O\end{array} + 3H_2O \quad \text{(式 4.65)}$$

無水マレイン酸は不飽和ポリエステル樹脂などの原料となる．

4.6 直鎖パラフィンおよび環状脂肪族炭化水素からの合成

4.6.1 直鎖パラフィンからアルコールへ

長鎖（$C_{10} \sim C_{18}$）の直鎖パラフィンは洗剤合成用の長鎖アルコールの原料となる．石油留分中のC_6以上の直鎖パラフィンは，尿素との包接化合物の生成あるいはモレキュラーシーブ（ゼオライト）への吸着によって分枝パラフィンと分けられる．

直鎖パラフィンを500～600℃で熱分解すると1-オレフィン（末端オレフィン）が得られる．1-オレフィンはヒドロホルミル化（4.4.4項）と還元により第一級アルコールとし，洗剤の原料として用いる．

直鎖パラフィンをマンガン(III)触媒で酸化するとアルコール，ケトン，カルボン酸などの混合物が得られるが，ホウ酸を共存させるとアルコールの選択率が高くなる．C_{10}〜C_{20}の直鎖パラフィンをマンガン(III)触媒を用い，ホウ酸の存在で転化率15〜25％まで酸化すると，第二級アルコール70％，ケトン20％，カルボン酸10％の選択率で生成物が得られる．第二級アルコールは洗剤合成の原料として用いられる．この反応ではホウ酸はアルコールとのエステルとなり，加水分解によって循環的に使われる．

4.6.2　ブタンから無水マレイン酸へ

ブタンを$(VO)_2P_2O_7$触媒により酸化すると無水マレイン酸が得られる（式4.65参照）．

4.6.3　シクロヘキサンの酸化

シクロヘキサンは合成繊維などとして用いられるナイロン6の原料となる．変換の第一段階はシクロヘキサンの酸化によるシクロヘキサノンの生成である．シクロヘキサノンはヒドロキシルアミンとの反応でオキシムとし，そのベックマン転位によりε-カプロラクタムを得る（式4.66）．これを開環重合させるとナイロン6になる．

（式4.66）

シクロヘキサノンからε-カプロラクタムへの別の経路は光ニトロソ化法で，オキシムまでの工程が短い（式4.67）．

4.7 芳香族炭化水素からの合成

$$\text{シクロヘキサン} \xrightarrow[\substack{\text{光} \\ -\text{HCl}}]{\text{NOCl}} \text{シクロヘキシル-NO} \longrightarrow \text{シクロヘキサノンオキシム(N-OH)} \longrightarrow \text{カプロラクタム} \quad (式 4.67)$$

いずれの方法でもベックマン転位のため大量の濃硫酸を使い,その中和にアンモニアを使うので,1トンのラクタム当たり1.5〜2トンの硫酸アンモニウムが副生する.

シクロヘキサンの酸化で生成したシクロヘキサノール,シクロヘキサノンをさらに硝酸で酸化するとアジピン酸が得られる.アジピン酸からはアジポニトリルを経てヘキサメチレンジアミンを作り (式 4.68),アジピン酸との重縮合で合成繊維などとして使うナイロン66が合成される.

$$\text{シクロヘキサン} \xrightarrow{O_2} \text{シクロヘキサノール} + \text{シクロヘキサノン} \xrightarrow{\text{脱水素}} \xrightarrow{HNO_3} HOOC(CH_2)_4COOH \xrightarrow[\substack{-H_2O \\ SiO_2 \\ 340\,°C}]{NH_3}$$

$$NC(CH_2)_4CN \xrightarrow[\text{Ni 触媒}]{H_2} H_2N(CH_2)_6NH_2 \quad (式 4.68)$$

4.7 芳香族炭化水素からの合成

ベンゼン,トルエン,キシレンはそのものが溶媒として利用されるが,芳香環の置換反応,芳香環そのものの反応,芳香環の側鎖の反応を利用してさまざまの有機化学品基礎原料に導かれる.

4.7.1 ベンゼンからの合成

ベンゼンからの主な誘導品を図4.4に示す.求電子置換反応は芳香環の

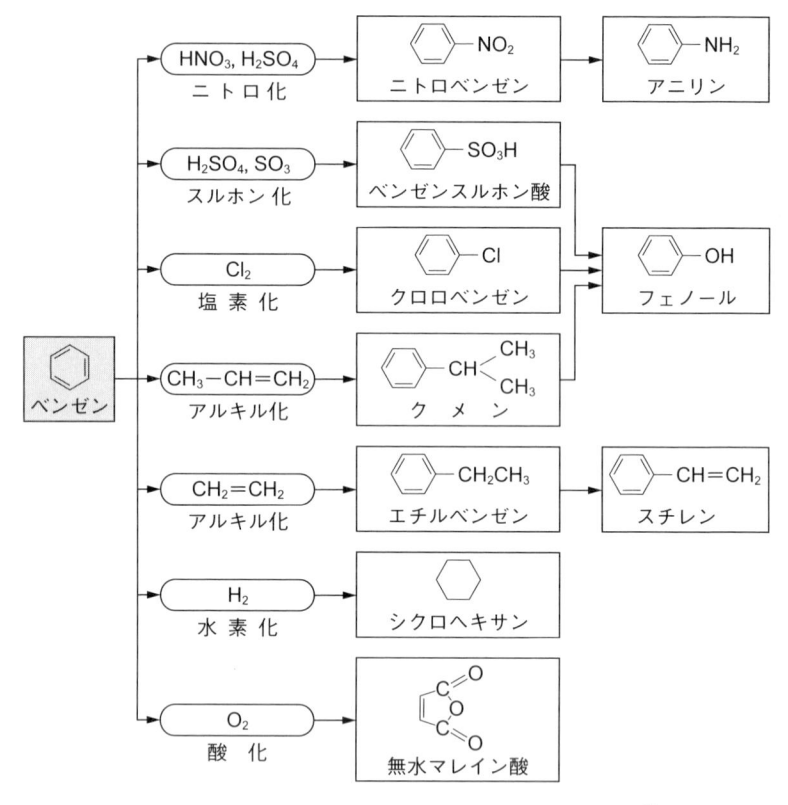

図4.4 ベンゼンからの工業用主要原料（村井眞二, 1993[1]）

代表的な反応であり，ニトロ化，スルホン化，ハロゲン化，アルキル化，アシル化などはよく知られている．ニトロベンゼンはニトロ基を還元してアニリンとし，アニリンは染料，医薬品などさまざまの製品の原料となる．ベンゼンスルホン酸，クロロベンゼンはアルカリとの反応でフェノールになる．これは芳香環の求核置換反応に相当する．フェノールも多様な製品の原料となるが，現在はすぐ後に述べるクメン法によって製造されている．

1）ベンゼンのアルキル化とアルキルベンゼンの反応

ベンゼンを固体リン酸，塩化アルミニウム，ゼオライトなどの固体酸を触

4.7 芳香族炭化水素からの合成

媒としてエチレンと反応させると，エチルベンゼンが得られる（式4.69）．

$$C_6H_6 + CH_2=CH_2 \xrightarrow[\text{20-60 気圧}]{\text{触媒}\quad 300\,°C} C_6H_5-CH_2CH_3 \qquad (式4.69)$$

エチルベンゼンのエチル基を脱水素するとスチレンが合成できる（式4.70）．

$$C_6H_5-CH_2CH_3 \xrightarrow[\text{550-600 °C}]{Fe_2O_3-CrO_3} C_6H_5-CH=CH_2 + H_2 \qquad (式4.70)$$

スチレンの重合を防ぐためエチルベンゼンの転化率を約 40 % に抑える．反応したエチルベンゼンからのスチレン生成の選択率は 90 % 以上である．スチレンはポリスチレンなどの原料である．

スチレンを合成する別の方法は，エチルベンゼンのエチル基を空気酸化してヒドロペルオキシドとし，これをプロピレンのエポキシ化に用い，その際得られる 1-フェニルエチルアルコールを脱水してスチレンとする（ハルコン法：式4.71，4.72）．

$$C_6H_5-CH_2CH_3 \xrightarrow[\text{5 気圧}]{O_2\quad 150\,°C} C_6H_5-\underset{OOH}{CH}-CH_3 \xrightarrow{CH_2-CH=CH_2 \atop H_2MnO_4}$$

$$C_6H_5-\underset{OH}{CH}-CH_3 + CH_3-CH-CH_2 \text{(エポキシド)} \qquad (式4.71)$$

$$C_6H_5-\underset{OH}{CH}-CH_3 \xrightarrow[\text{250 °C}]{TiO_2-Al_2O_3} C_6H_5-CH=CH_2 + H_2O \qquad (式4.72)$$

この方法ではスチレンとプロピレンオキシドが同時に得られることになる．ベンゼンの合成原料への利用としてはスチレンの合成が最大のものである．

ベンゼンとプロピレンをエチルベンゼンの合成と同様の方法で反応させると，イソプロピルベンゼン（クメン）が得られる（式4.73）．

$$\text{C}_6\text{H}_6 + \text{CH}_3-\text{CH}=\text{CH}_2 \longrightarrow \text{C}_6\text{H}_5-\text{CH}(\text{CH}_3)_2 \quad (式 4.73)$$

クメンを空気酸化してヒドロペルオキシドにし，これを酸で分解するとフェノールとアセトンになる（式 4.74）（アセトンの合成については 4.4.2 項参照）．

$$\text{C}_6\text{H}_5\text{CH}(\text{CH}_3)_2 \xrightarrow[\substack{90-130\,°\text{C} \\ 5-10\,\text{気圧}}]{\text{O}_2,\,\text{Na}_2\text{CO}_3} \text{C}_6\text{H}_5\text{C}(\text{CH}_3)_2\text{OOH} \xrightarrow[60\,°\text{C}]{1\%\,\text{H}_2\text{SO}_4} \text{C}_6\text{H}_5\text{OH} + \text{CH}_3-\text{CO}-\text{CH}_3 \quad (式 4.74)$$

これが現在のフェノール合成の主な方法である．フェノールはフェノール樹脂，医薬・農薬，染料などの原料となる．

クメン法で得られるフェノールとアセトンを反応させて合成されるビスフェノール A（式 4.75）は，エポキシ樹脂，ポリカーボネートなどの原料として重要である．

$$2\,\text{C}_6\text{H}_5\text{OH} + (\text{CH}_3)_2\text{C}=\text{O} \xrightarrow[\text{陽イオン交換樹脂}]{\text{HCl または}} \text{HO}-\text{C}_6\text{H}_4-\text{C}(\text{CH}_3)_2-\text{C}_6\text{H}_4-\text{OH} \quad (式 4.75)$$

2) ベンゼン環の水素化と酸化

ベンゼンを触媒を用いて水素化するとシクロヘキサンになる（式 4.76）．

$$\text{C}_6\text{H}_6 + \text{H}_2 \xrightarrow{\text{触媒 (Ni, 貴金属)}} \text{C}_6\text{H}_{12} \quad (式 4.76)$$

シクロヘキサンの利用についてはすでに述べた（4.6.3 項）．

ベンゼンを酸化すると無水マレイン酸が得られる（式 4.77）．

4.7 芳香族炭化水素からの合成

$$\text{C}_6\text{H}_6 + \text{O}_2 \longrightarrow \text{無水マレイン酸} \quad （式\,4.77）$$

しかし主な製法は C_4 オレフィンの酸化である（式 4.65）．

4.7.2 トルエンからの合成

トルエンから導かれる主要な有機合成原料を図 4.5 に示す．トルエンをニトロ化するとニトロトルエン（オルト，パラ），ジニトロトルエン（主にメタ），トリニトロトルエンが得られる．ジニトロトルエンは還元してトルエンジアミンとし，ついでホスゲンと反応させて，トルエンジイソシアナート（TDI）にする（式 4.78）．

$$\text{トルエン} \xrightarrow{\text{HNO}_3-\text{H}_2\text{SO}_4} \text{ジニトロトルエン（選択率 80\%）} \xrightarrow[\text{Ni}]{\text{H}_2} \text{トルエンジアミン} \xrightarrow[-\text{HCl}]{\text{COCl}_2} \text{TDI} \quad （式\,4.78）$$

ジイソシアナートはポリウレタンの原料として用いられる．有毒なホスゲンの代わりに炭酸ジメチルを用いてイソシアナートを得る方法もある（式 4.79）．

$$\text{アミン類}-\text{NH}_2 \xrightarrow{(\text{CH}_3\text{O})_2\text{CO}} \text{Ph-NH-C(=O)-OCH}_3 \xrightarrow[\text{熱分解}]{-\text{CH}_3\text{OH}} \text{Ph-N=C=O} \quad （式\,4.79）$$

また，ニトロ化合物を一酸化炭素と反応させてカルボニル化してカルバマートに導き，それからイソシアナートを得る方法もある（式 4.80）．

$$\text{ニトロ化合物}-\text{NO}_2 \xrightarrow[\text{Pd 触媒}]{\text{CO/ROH}} \text{Ph-NHCOR} \xrightarrow[\text{熱分解}]{-\text{ROH}} \text{Ph-N=C=O} \quad （式\,4.80）$$

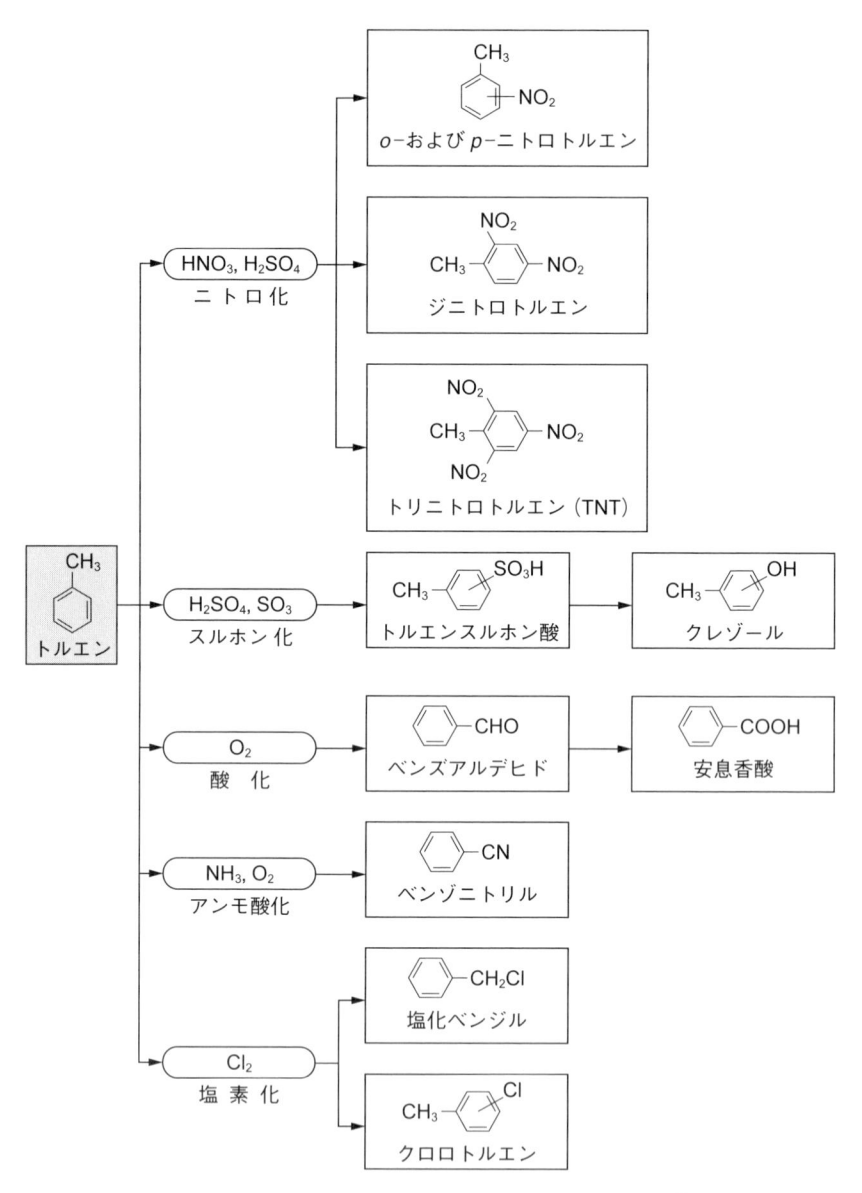

図4.5 トルエンからの工業用主要原料（村井眞二, 1993[1])）

トルエンのメチル基を酸化すると安息香酸が得られるが，これを酸化的に脱炭酸するのもフェノールの合成法の一つである（式4.81，4.82）．

$$\text{C}_6\text{H}_5-\text{CH}_3 \xrightarrow[\text{Co 触媒}]{\text{O}_2} \text{C}_6\text{H}_5-\text{COOH} \qquad (\text{式 4.81})$$

$$\text{C}_6\text{H}_5-\text{COOH} \xrightarrow[\text{Cu 触媒}]{\text{O}_2} \text{C}_6\text{H}_5-\text{OH} + \text{CO}_2 + \text{H}_2\text{O} \qquad (\text{式 4.82})$$

4.7.3 キシレンからの合成

キシレンからの合成の重要なものは，メチル基の酸化を利用してカルボン酸にすることである（図4.6）．o-キシレンを酸化すると無水フタル酸が得られる（式4.83）．無水フタル酸をアルコールと反応させて得られるフタル酸エステルは，プラスチックの可塑剤として利用される．無水フタル酸は石炭から得られるナフタレンからも製造される（5.4節参照）．

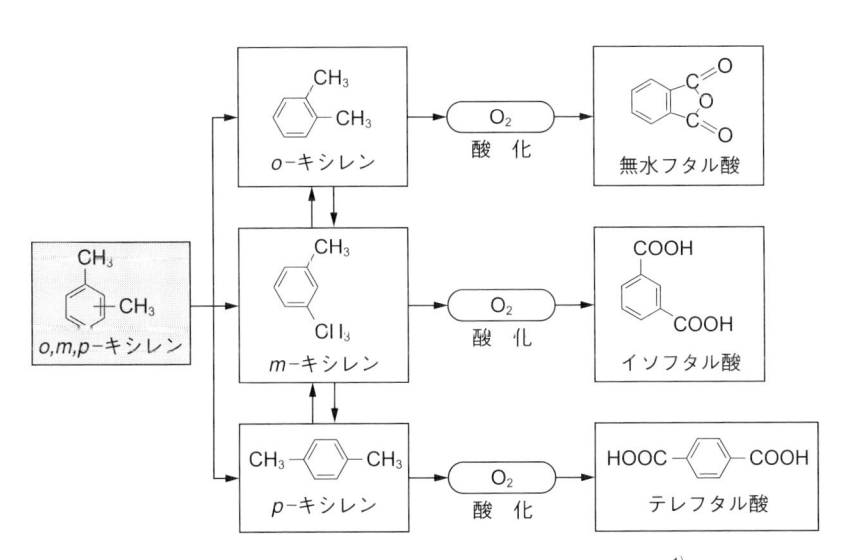

図4.6 キシレンからの工業用主要原料（村井眞二, 1993[1]）

$$\text{o-キシレン} + 3\,O_2 \xrightarrow[\substack{380-390\ ^\circ C \\ 1-1.8\,気圧}]{V_2O_5\text{-}TiO_2} \text{無水フタル酸} + 3\,H_2O \qquad (式\ 4.83)$$

p-キシレンの酸化で得られるテレフタル酸は，ポリエステルの原料として重要である（式 4.84）．

$$H_3C\text{-}C_6H_4\text{-}CH_3 \xrightarrow[\substack{180-220\ ^\circ C \\ 10-25\,気圧}]{O_2/Co^{3+},\,Mn^{3+}} HOOC\text{-}C_6H_4\text{-}COOH \qquad (式\ 4.84)$$

空気酸化はコバルト，マンガンの酢酸塩を触媒とし，酢酸中で行う．収率は約 95 % である．

m-キシレンからは酸化によりイソフタル酸が生成するが，これと安息香酸をカリウム塩とし，混合物を触媒を用いて反応させテレフタル酸に異性化させる（ヘンケル法；式 4.85）．

$$\text{イソフタル酸K塩} + \text{安息香酸K塩} + CO_2 \xrightarrow[\substack{350\ ^\circ C \\ 加圧}]{Zn,\,Cd} \text{テレフタル酸K塩} \qquad (式\ 4.85)$$

4.8 天然ガス

天然ガスとは地中に産出するガス状炭化水素の混合物のことである．ガスだけを産出する場合（ガス田）と，油田に併出する場合とがある．前者は主にメタンのみからなり，後者はメタン以外に $C_2 \sim C_5$ の炭化水素を含む．天然ガスの開発は石油ほどには進んでいないので，まだ新たな資源が発見され

4.8 天然ガス

る可能性があり，可採年数は石油より長いと見積もられている．天然ガスの所在も地域的に偏っており，中東と旧ソ連・東欧に多く産出する．日本にも新潟，秋田地方にガス田が存在するが，その量は少なく，日本の天然ガスの消費はほとんどを輸入に頼っている．

天然ガスは深冷すれば液化する（メタンの沸点は $-161.5\,°C$）．これを液化天然ガス（LNG）と呼び，輸送と貯蔵は液化状態で行われる．

天然ガスの用途の大部分は，石油と同様に，都市ガス，発電用などの燃料としてである．一部が有機化学品の原料として利用される．天然ガスを用いる化学工業の概略を図 4.7 に示す．

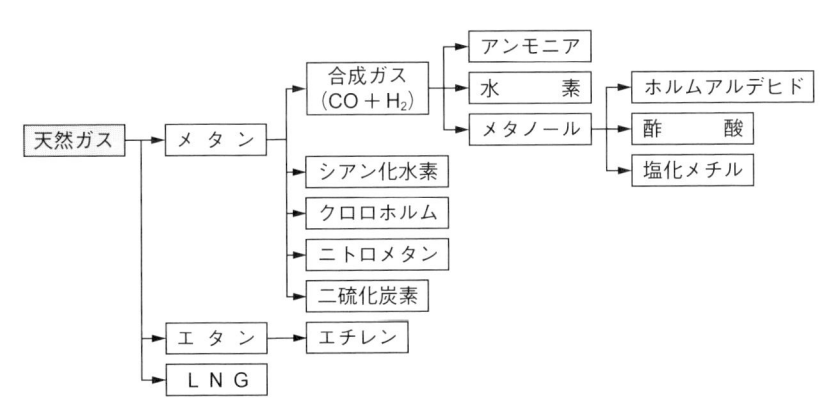

図 4.7 天然ガスと製品

天然ガスの主成分はメタンであり，メタンを原料とする化学が天然ガス化学の中心である．メタンを利用して合成される化学品には，メタンの直接の反応を利用するものと，メタンを加熱水蒸気と反応させて一酸化炭素と水素の混合物（合成ガス）に変換し，これから有機化学原料に導くものとがあり，工業的には後者に重要なものが多い．

$C_2 \sim C_5$ 炭化水素を多く含む天然ガスは，熱分解によりエチレン等に変換して利用される．米国などではエチレンの原料はナフサよりもこうした天然

ガスの利用が主になっている．

4.8.1　メタンから合成ガスの製造

メタンを加熱水蒸気と反応させると，一酸化炭素と水素の混合物，すなわち合成ガスが得られる（水蒸気改質；式 4.86）．

$$CH_4 + H_2O \xrightarrow[\substack{750-850\,°C \\ 20-40\,気圧}]{Ni-Al_2O_3} CO + 3H_2 \quad\quad (式\ 4.86)$$

合成ガスはメタンだけでなく石炭，石油留分などと水蒸気の反応によっても得られる（例：式 4.87）．

$$C\,(石炭) + H_2O \longrightarrow CO + H_2 \quad\quad (式\ 4.87)$$

これは石炭のガス化（5.5.1 項参照）における水性ガス反応に相当する．

メタンからの合成ガスは水素を多く含む．言い換えればメタンは水素源でもある．合成ガス中の水素と一酸化炭素のモル比は，その合成ガスから何を作るかの目的によって変える（たとえば，次に述べるメタノールの合成では $H_2/CO = 2$）．この比は，合成ガスを作るときにメタンを一部空気で酸化させたり，一酸化炭素と水との反応（水性ガス移動反応）を同時に行わせたりすることによって調整する（式 4.88，4.89）．

$$2CH_4 + O_2 \longrightarrow 2CO + 4H_2 \quad\quad (式\ 4.88)$$

$$CO + H_2O \xrightarrow{Fe-Cr\,触媒} CO_2 + H_2 \quad\quad (式\ 4.89)$$

4.8.2　合成ガスからメタノールの合成

合成ガスからの製造で最も重要なのはメタノールである（式 4.90）．

4.8 天然ガス

$$CO + 2H_2 \xrightarrow[\substack{300\ ^\circ C \\ 350\ 気圧}]{ZnO-Cr_2O_3\ 触媒} CH_3OH \qquad (式 4.90)$$

メタンから得られる合成ガスは水素が多いので（式 4.86），二酸化炭素を添加し余分の水素をメタノールに変える反応を同時に行わせる（式 4.91）．

$$CO_2 + 3H_2 \longrightarrow CH_3OH + H_2O \qquad (式 4.91)$$

4.8.3 メタノールからの合成

メタノールを酸化するとホルムアルデヒドが得られる．ホルムアルデヒドはフェノール樹脂などの原料として重要である（式 4.92）．

$$CH_3OH + \frac{1}{2}O_2 \xrightarrow[600-700\ ^\circ C]{Ag-Cu\ 触媒} HCHO + H_2O \qquad (式 4.92)$$

メタノールと一酸化炭素の反応で酢酸が合成されることはすでに述べた（4.3.4 項参照）．

4.8.4 水素の利用－アンモニアの合成

アンモニアの合成は水素と窒素（空気から）の反応によって行われる（式 4.93）．

$$N_2 + 3H_2 \xrightarrow[\substack{450-550\ ^\circ C \\ 100-1000\ 気圧}]{Fe-Al_2O_3-K_2O\ 触媒} 2NH_3 \qquad (式 4.93)$$

この水素源として合成ガスを使う．実際には合成ガス製造の際の部分酸化に空気を用い，得られる窒素を含む合成ガスの水素組成を水性ガス移動反応（式 4.89）を用いて調整し，アンモニア合成に使う．

4.8.5 合成ガスまたはメタノールからの炭素−炭素結合の生成

一酸化炭素，メタノールのような炭素1個の化合物から炭素−炭素結合を持つ化合物を作る方法の開発は重要である．合成ガスは石油以外の炭素資源，天然ガスや石炭からも得られることから，これは石油に依存している現在の有機化学工業原料からの転換を目指すものである．日本では，1970年代半ばに中東での紛争が原因となって石油の輸入が激減するかもしれないという「石油危機」が生じ，合成ガスを原料とする化学，いわゆるC1（シーワン）化学の推進が提唱されたことがある．

この考えは歴史的には新しいことではない．第一次世界大戦のとき石油の輸入が途絶えたドイツで，国内で生産する石炭から「合成石油」すなわちガソリンのような液体燃料を製造する方法（フィッシャー-トロプシュ反応）が開発され，実際に工業化されるに至った（式4.94）．

$$n\,CO + (2n+1)\,H_2 \xrightarrow[\substack{460-560\,K \\ 常圧-30\,気圧}]{Fe,\,Co\,触媒} C_nH_{2n+2} + n\,H_2O \quad など \quad (式4.94)$$

現在では南アフリカでの生産が唯一の例になっている．

合成ガスからのメタノールの生産は成熟した技術である．そこでメタノールから出発するガソリンの製造法が開発されている．触媒として形状選択性のあるZSM-5型ゼオライトが用いられる．反応では，まずメタノールが脱水してジメチルエーテルになり，脱水，脱水素，重合，異性化，環化などの複雑な反応を経て炭化水素になると考えられている．メタノール100トンから約43トンの炭化水素が得られる．

C1化学では合成ガスから得られる炭化水素をさらに合成原料とすることも目的とされた．目標としては，エチレンなどのオレフィン類，エタノール，エチレングリコールなどのアルコール類の合成があり，多くの新しい知見が得られた．

第5章　石炭とその化学

　石炭を乾留してコークスを製造するときの副生物であるタール（コールタール）は，多様な芳香族化合物を含み，その利用が有機化学工業の端緒となった．現在では簡単な構造の芳香族化合物は石油から製造されるが，タールは今でも縮合芳香環を持つ化合物の唯一の原料であり，染料，医薬などの製造に役立っている．また，固体の石炭をガス化または液化して液体の燃料を得るプロセスもある．

　石炭はかつてはエネルギー資源の主役であった．しかし固体の石炭は石油に比べて扱いにくく，その座を譲った．さらにその前の長い歴史の間，人類は暖房，照明，調理などのためのエネルギー資源として木材やそれを蒸し焼きにしてできる木炭を利用してきた．近代製鉄工業において鉄鉱石（酸化鉄）を還元するための炭素源として木炭が用いられてきたが，やがて石炭を乾留して得られるコークスがそれに代わった．乾留の際に副生する悪臭のある粘い液体のタールは厄介な代物だったが，それが多様な芳香族化合物を含むことが分かり，その利用が有機化学工業の端緒となった．

　有機化学製品はこのようにコークス製造の副産物であった．現在も石炭の用途の大部分は製鉄用コークスの製造，火力発電や，地域によっては家庭用の燃料としてであり，有機化学製品の原料となるのはその一部である．タールから得られる主な有機基礎原料はベンゼン，トルエン，キシレンなどの芳香族化合物であるが，これらも前章に述べたように石油の留分の一つであるナフサの改質によって得られるようになり，かつては石炭は染料，医薬など

多くの有機化学品を提供する資源であったが，その席の大部分を石油に譲った．日本では1945年ごろまでは有機化学製品の75％が石炭から製造されていたが，1960年ごろから石油への転換が進み，1990年ごろには石炭の占める比率は10数％になった．しかし，コールタールは今も縮合芳香環を持つ化合物の唯一の原料である．

5.1 石炭の成因・所在・埋蔵量

石炭も石油と同様に，太古の植物が堆積後地中に埋没し，地熱，圧力などによる分解，変質を経て生成したものと考えられている．

石炭の所在する地域は，石油ほどではないが限られていて，旧ソ連，アメリカ，中国に主に埋蔵されている．日本にも北九州，北海道，東北などに炭田があるが，地下への採掘が進んでそれが困難になったこともあり，現在は中止されている．今の日本は石炭を全量輸入に頼っている．世界全体では石炭は石油の約50倍の埋蔵量があるといわれており，可採年数は石油の約5倍と見積もられている．

近年，来るべき石油の枯渇を念頭においてエネルギー資源としての石炭の見直しの機運がある．有機化学原料としての地位も変わるかも知れない．

5.2 石炭の種類と構造

石炭はその産出地によって外観，性状が大きく異なる．最も簡単な分類は炭素の含有率によって行う（表5.1）．

炭素含有率（石炭化度）は石炭を乾留したときに出る水分，揮発分と燃焼させて残る灰分を全体から差し引いた分の割合である．地中に埋没した植物の石炭化が進むにつれて，亜炭，褐炭，瀝青炭になると考えられている．色は褐色から黒褐色，黒色へと変化する．石炭は石油に比べ水素の含量が少な

5.2 石炭の種類と構造

表 5.1 炭素含有率による石炭の分類

C (%)	石炭の種類	特徴
< 70	亜炭	水分を多く含み乾燥すると壊れやすい
70〜78	褐炭	褐色で水分を多く含むが固く壊れにくい
78〜83	亜瀝青炭	黒色，火力発電所等の燃料に使われる
83〜90	瀝青炭	黒色，コークスの原料，燃料
90 >	無煙炭	炭化が進んでいるため煙が出ない

い．石油では水素／炭素の原子数が約 1.76 であるが，石炭は少ないものでは約 0.5，多いものでも 0.8〜0.9 である．

石炭は固体なので化学構造を知るのが難しい．その構造は溶媒抽出，熱分

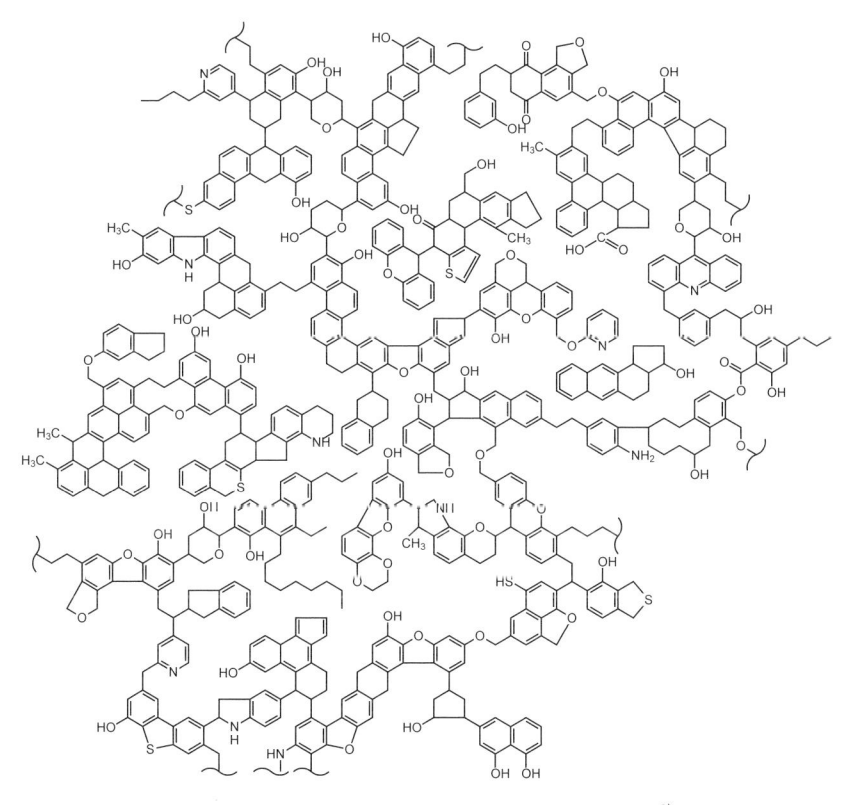

図 5.1 瀝青炭の Shinn モデル（G. A. Carlson, 1992[2]）

解，酸化分解，水素化分解などで得られる物質の分析をもとに推定されてきた．いくつかのモデルが提案されてきたが，その代表例を図 5.1 に示す．

　代表的な構造単位は多核芳香環および脂環，含硫黄・含窒素環構造である．それらが相互に短い鎖状構造を介して結合し，また環に鎖状構造が付いている．また酸素を含む官能基，アルコール，フェノール，エーテル，カルボニル，カルボキシル基などを持つ．石炭化が進んだものは芳香環の縮合の程度が高く，含酸素基が少なくなる．石炭の平均分子量は約 3000，分子量約 50 万のものを含むと考えられている．

5.3 石炭の乾留

　製鉄コークス用に使われる瀝青炭を，空気を遮断して加熱する（乾留する）と，100 ℃ 付近で水分と少量のガスが出始める．300～400 ℃ では熱分解が始まり，ガス，水分とともにタールが発生し始め，500～600 ℃ で出尽くす．

　この間瀝青炭は 350 ℃ で軟化，溶融し始め，ガスの発生に伴い膨張し，気孔が生じる．500 ℃ くらいから気孔を持ったまま固まり，800～1000 ℃ で分解・ガスの発生が終わり，塊状のコークスになる．コークスはほぼ炭素からなる．石炭の種類によっては乾留の残渣は塊状にならず粉末になる．これはチャーと呼ばれる．軟化・溶融して固まる石炭を粘結炭，そうでないも

表 5.2 高温乾留と低温乾留の生成物

生成物	生成物収量	
	高温乾留 （約 1000 ℃）	低温乾留 （約 600 ℃）
コークス（%）	65～75	65～75
タール（%）	5～6	10～15
ガス液（%）	7～10	6～10
硫酸アンモニウム[a]（kg/t）	10～14	3～5
ガス（m^3/t）	250～360	110～170

a) 発生する NH_3 を H_2SO_4 で処理して得る．

のを非粘結炭という．

　乾留の生成物の例を表 5.2 に示す．生成物の分布は石炭の種類によって異なる．先に述べたように乾留の主な目的は製鉄用などのコークスの製造であり，副産物としてコールタールとコークス炉ガスが生成する．

5.4　コークス炉ガスとコールタール

　乾留の副産物は，ベンゼン類，フェノール（石炭酸）類，ナフタレン，アントラセン，アンモニアなどで，アンモニア以外を一括してタール製品という．

　コークス炉ガスの大部分は製鉄に必要な熱源として利用される．コークス炉ガスは常温で気体の成分，液体の成分を含み，またこれらの中には水素，炭化水素のような中性の成分とアンモニアやピリジン類のような塩基性の成分とがある．アンモニアは硫酸で処理して硫酸アンモニウム（硫安）とし，液体成分を分離してガス軽油とする．これにはベンゼン，トルエン，キシレンなどを含み，コールタールにも含まれるこれらの成分とあわせて蒸留する．

　液体成分を除いた後のガス（コークス炉ガス）は，主としてメタンと水素から成り（表 5.3），都市ガスなどの燃料とするほか，改質して混合ガス（水素と一酸化炭素；「合成ガス」（4.8.1 項）と同じ）とし，アンモニアの製造などに利用する．

表 5.3　コークス炉ガスの組成の一例（村井眞一，1993[1)]）

成分	CO_2	O_2	CO	C_nH_m	CH_4	H_2	N_2
%（vol）	2.7	0.1	7.4	3.8	30.9	52.9	2.3

　一方，コールタールは分留によっていくつかの成分に分けられる（表 5.4）．各留分はそれぞれ多くの成分を含み，適当な分離工程を経てそれぞれの利用が行われる．図 5.2 には石炭の乾留によって製造される有機化学原

表5.4 コールタールの組成

沸 点 (℃)	留 分	重 量 %
~180	軽油	<3
~210	石炭酸油	<3
~230	中油（ナフタレン油）	10~12
~290	洗浄油（吸収油）	7~8
~400	アントラセン油	20~28
>400	中ピッチ（ピッチ残留油）	50~55

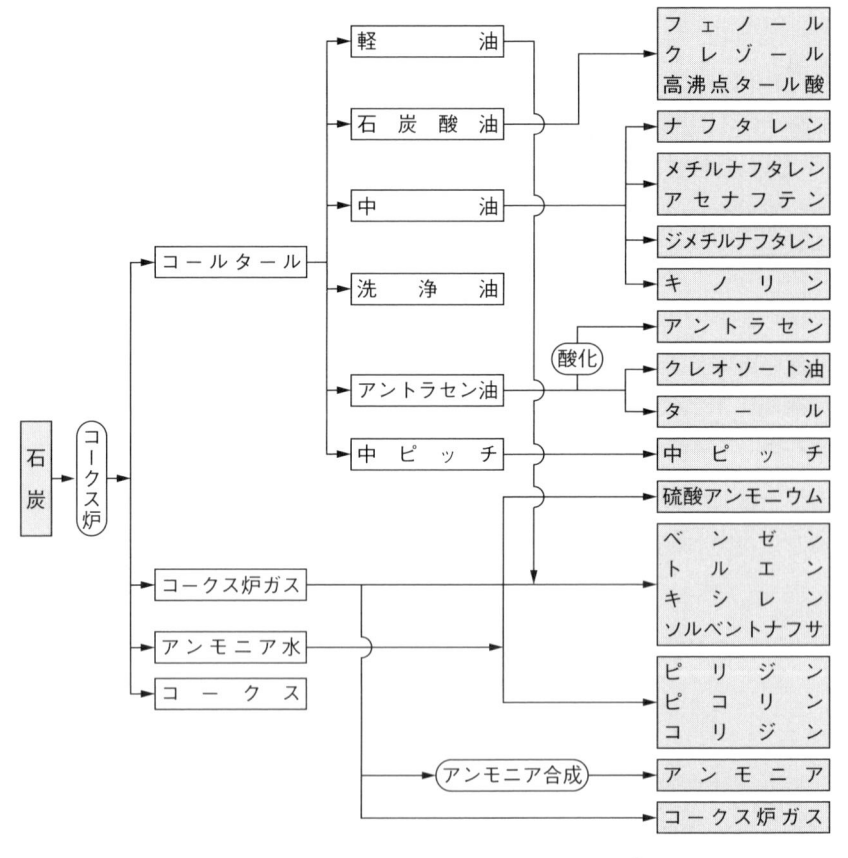

図5.2 コークス炉と化学製品（村井眞二, 1993[1])）

料を示す．コールタールには非常に多くの種類の芳香族化合物が含まれ，400種類以上が確認されている．これらのうち実際に生産されているのは30～40種類である．その例を表5.5に示す．これらの中でもナフタレンは重要であり，無水フタル酸の主な合成原料である（4.7.3項参照）．アントラキノンは染料の重要な中間体である（8.2.2項参照）．

表 5.5　タールから製造される芳香族化合物

フェノール（石炭酸）　o-クレゾール　アントラセン　アントラキノン

ナフタレン　キノリン　ピリジン　α-ピコリン

5.5　石炭のガス化と液化

石炭のガス化と液化は，取り扱いにくい固体の燃料を気体や液体の燃料に変換することを主な目的として行われてきた．かつては戦争によって外からの輸入を絶たれた国で精力的に検討され，現在はやがて来る石油の枯渇を視野に，より埋蔵量の多い石炭を利用するという文脈で検討されている．

5.5.1　石炭のガス化

石炭のガス化は，石炭（あるいはコークス，チャー）を水および酸素（空気）と反応させ，水素，一酸化炭素，メタンなどに変換し，タービン，工業用の燃料や都市ガスとして，またアンモニアやメタノールの合成に利用することを目的とする．歴史は1920年代にさかのぼり，この方法で都市ガスが製造

された.

　基礎となる反応は炭素と酸素・水との反応と，その生成物である一酸化炭素や水素の関与する反応である（式 5.1 ～ 5.3）．

$$C + O_2 \longrightarrow CO_2, CO \text{（部分燃焼）} \qquad \text{（式 5.1）}$$

$$C + H_2O \longrightarrow CO + H_2 \text{（水性ガス反応）} \qquad \text{（式 5.2）}$$

$$CO + H_2O \longrightarrow CO_2 + H_2 \text{（水性ガス移動反応）} \qquad \text{（式 5.3）}$$

そのほか式 5.4，5.5 の反応も起こる．

$$C, CO + H_2 \longrightarrow CH_4 \text{（メタン化）} \qquad \text{（式 5.4）}$$

$$C + CO_2 \longrightarrow 2CO \text{（発生炉ガス反応）} \qquad \text{（式 5.5）}$$

ガス化の主反応である炭素と水素源の高温水蒸気との反応（式 5.2）は，大きい吸熱反応であるので，反応の進行に必要な熱は炭素の部分燃焼（式 5.1）で賄われる．式 5.2 の反応は水素の製造，一酸化炭素と水素からのメタノールやメタンその他の炭化水素の製造，水素のアンモニア製造への利用などの基本となる反応である．天然ガスを資源とする同様のプロセスについてはすでに述べた（4.8 節）．

　式 5.3 の水性ガス移動（シフト）反応は水素の製造に関与し，都市ガス用には有毒な一酸化炭素の含量を下げるために用いられる．また化学品合成原料用ガスとして一酸化炭素と水素の比を調節するためにも用いられる（p.58 の式 4.89 参照）．式 5.4 の反応と関連して，石炭に含まれる酸素，窒素，硫黄分は水素化によって水，アンモニア，硫化水素に変わる．式 5.5 は発生炉ガス反応と呼ばれ，一酸化炭素を作る反応となる．実際のガス化炉ではこれらの反応が複雑に組み合わさって起こる．ガス化炉内では石炭の乾留が起こり，生成したガス，タールは高温で分解してガスとなり，残ったチャーやコークスの反応が主になる．

ガス化炉の代表的な例であるルルギ（Lurgi）炉の模式図を図5.3に示す．炉の上から石炭が入り，下から灰が排出される．石炭の塊は下がるとともに小さくなり，炉の下から吹き込まれた水蒸気・酸素と反応し，炉の上部でガス（水，水素，一酸化炭素，二酸化炭素，メタンを含む）となる．炉の一番下ではチャーの燃焼が起こり最も高温（約1100℃）で，炉の中部では下部で生成した二酸化炭素が上昇し，チャーと発生炉ガス反応（式5.5）を起こす．これは吸熱反応なので炉中部では約800℃となる．この熱によって上部では石炭の乾留が起こる．ここでは300～500℃であり，石炭の一部はガス化し，残ったチャーは下へ移動していく．

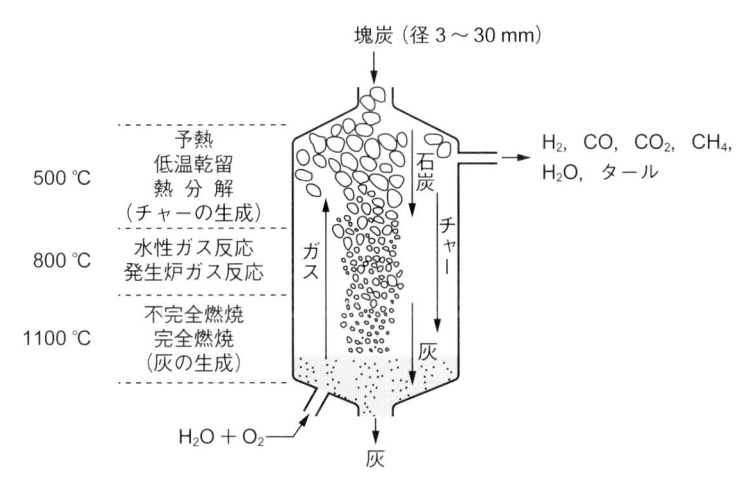

図5.3 ルルギ炉（完全ガス化炉）内での石炭の反応（村井眞二，1993[1]）

5.5.2 石炭の液化

石炭の液化の基本は，図5.1のような構造を切断して分子量を下げることである．それには水素または水素供与性溶媒，たとえばテトラリン（テトラヒドロナフタレン：ナフタレンの水素化で作る）を使って石炭の水素化分解を行う．実際のプロセスでは微粉炭を媒体油に懸濁させる．媒体油は石炭の

一部を抽出し，また水素を溶解させる．

　反応は複雑である．水素化によって含酸素官能基はほとんど水として除去され，エーテル結合が切断されると石炭は低分子化する．また縮合芳香環の水素化が起こると続いて結合の切断が起こりやすくなる．芳香環とその置換基，側鎖の水素化や熱分解による切断も低分子化に寄与する．熱分解はラジカル機構によって起こり，生成したラジカルによる水素引き抜き反応が起こる（式 5.6, 5.7）．テトラリンを水素供与性溶媒とする場合はこの反応は重要であろう．

$$\text{石炭} \xrightarrow{\text{熱}} \text{Ar}\cdot (\text{または R}\cdot) \qquad \text{（式 5.6）}$$

$$2\text{Ar}\cdot(\text{R}\cdot) + \text{テトラリン} \longrightarrow 2\text{ArH (RH)} + \text{ナフタレン} \qquad \text{（式 5.7）}$$

石炭の液化のプロセスとしていくつかの方法が検討されてきた．

1）直接水添液化法

　微粉炭を重質油と混合してペースト状にし，高温高圧下で水素化分解して燃料油にする．石炭液化の端緒となったベルギウス（Bergius）法（1913 年）を基本とする．

2）抽出水添液化法

　石炭をできるだけ溶媒に溶解させ可溶部を抽出し，水素化分解する方法．たとえば粉炭を脱水素－水素添加を起こしやすいアントラセン油中にスラリーとし，水素化を行う SRC 法（solvent refined coal）である．

3）乾留水添液化法

　石炭の低温乾留によりできるだけ多くのタールを得，これを水素化分解する方法である．

5.5.3 間接的な液化法

間接法として，石炭をいったんガス化し（5.5.1項），発生したガス（一酸化炭素と水素）から液状の炭化水素を合成するフィッシャー-トロプシュ法（F-T法）がある．これは天然ガスを資源とする方法のところですでに触れた（4.8.5項）．

F-T法の反応機構についてはいくつかの提案があるが，① 触媒（コバルトーモリブデン，ニッケル－モリブデン）への一酸化炭素の吸着・解離による金属炭化物の生成と，これと水素との反応による CH_x の生成，② 一酸化炭素の水素化によるオキシメチレンの生成，③ 金属水素化物の生成と一酸化炭素の挿入などが考えられている（図 5.4）．

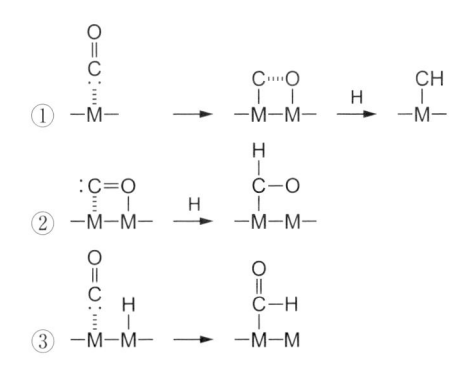

図 5.4 F-T合成の開始反応の推定機構

これまでに実用化された石炭の液化法はこの間接法のみである．第二次世界大戦中のドイツでは石油の所要量の約二分の一がF-T法による「合成石油」によって賄われた．現在では南アフリカで稼動しているものが唯一の例である（SASOLプラント）．この方法によって得られる生成物の各成分の割合を表 5.6 に示す．ガソリン留分，ディーゼル留分にはアルカンとともにアルケンも含まれている．これらは改質，分解などで通常の石油化学プロセスで合成原料に変換することもできる．

表 5.6 F-T 合成品の選択性, wt %[4]

生成物	SASOL-I	SASOL-II, III
CH_4	2.0	10
C_2H_4	0.1	4
C_2H_6	1.8	4
C_3H_6	2.7	12
C_3H_8	1.7	2
C_4H_8	2.8	9
C_4H_{10}	1.7	2
$C_5 \sim C_{11}$ ガソリン	18.0	40
$C_{12} \sim C_{18}$ ディーゼル	14	7
$C_{19} \sim C_{23}$	7	
$C_{24} \sim C_{35}$		4
ワックス（軟）	20	
ワックス（硬）	25	
酸性物質	0.2	1
非酸性物質	3	5

第6章　油脂とその化学

　油脂は高級（長鎖）脂肪酸とグリセリンからのエステルである．液状のものを油，固体のものを脂と呼んでいる．その違いは脂肪酸の構造により，飽和，不飽和の多くの種類がある．油脂化学工業は油脂の構造を一部変化させて有用な物質を作ることである．油脂の水素添加による硬化，加水分解による脂肪酸，グリセリン，石鹸の製造が主なものである．ここでの特徴は脂肪酸の長鎖構造を保って利用することである．

6.1　生物系資源

　本章で扱う油脂は言うまでもなく生物の作る物質である．この主題に入る前に，生物系資源の全体を眺めておこう．

6.1.1　主な生体物質

　生物の作る物質で量が多いのは炭水化物，脂肪，タンパク質である．これらはもとより生物が自分自身で利用するために作る．

1）炭水化物

　炭水化物（糖）はポリヒドロキシアルデヒド（またはケトン）およびその重合体である．重合体（多糖）の基本構造となる物質が単糖で，代表例はグルコースである．グルコースの重合体の例がセルロースである．セルロースの機能は主に植物体の構造を作ることである．このような働きを持つ多糖を構造多糖という．動物の作る構造多糖には甲殻類や節足動物の外骨格を作るキ

チンがある．

　デンプン（植物）やグリコーゲン（動物）は生命活動のためのエネルギーを貯える機能を持ち，貯蔵多糖と呼ばれる．デンプンもグリコーゲンもグルコースの重合体であるが，セルロースとはグルコース単位の間の結合の仕方が違い，また枝分かれがある．

2）脂肪

　脂肪はグリセリン（グリセロール）と長鎖脂肪酸のエステル（トリグリセリド，またはトリアシルグリセロール）で，主な機能はエネルギーの貯蔵である．脂肪よりも広い範囲の物質を含む言葉に脂質がある．生体物質のうち水に溶けず有機溶媒に溶ける物質のことである．脂肪以外で重要なのはリン脂質で，細胞膜の構成成分として不可欠である．化学構造が全く違うものの例にコレステロールがある．これも細胞膜の構成成分の一つである．

3）タンパク質

　タンパク質はアミノ酸（α-アミノ酸）の重合体である．天然に存在する普通のアミノ酸には20種類あり，タンパク質（ポリペプチド）の中のアミノ酸の配列の違いによって非常に多くの種類がある．

　タンパク質の機能は多様である．動物の軟組織を作っているコラーゲンはタンパク質である．絹のフィブロイン，羊毛のケラチンもタンパク質である．生命活動にとって最も本質的なタンパク質の機能は生化学反応の触媒，すなわち酵素としてである．そのほか，物質の輸送（例：血中で酸素を運ぶヘモグロビン），免疫（グロブリン），ホルモン（インシュリン），細胞表面での識別（味物質，香り物質の受容体），運動（筋肉のアクチン，ミオシン）などの機能がある．

6.1.2　生体物質の利用

　これらの物質を人間はその歴史のはじめから利用してきた．

　第一に，生物である人間として絶対に必要不可欠なのは食物であることは

言うまでもない．炭水化物，脂肪，タンパク質は三大栄養素と呼ばれる．図2.1 (p. 6) に示したように，炭水化物を作ることができるのは緑色植物（とある種の細菌）だけであり，脂肪とタンパク質は炭水化物を元に作られるので，人間を含めた動物の生存は植物に依存している．

第二に，人間は古くから植物，動物の作る繊維や皮革を衣服のために利用してきた．

第三に，木材は住居を作るために，石や土のような無機物とともに，利用されてきた．

第四に，暖房，照明，調理のために，人間は木材や動植物油の燃焼でエネルギーを得てきた．

現在では第二〜第四の目的には化石資源から作る物質が多く使われているが，生物資源が主役であったのはそう遠い昔のことではない．今でも地球上にはそうした生活があることを忘れてはならない．

上に述べた生物系資源の利用では，その化学構造にはほとんど手を加えない．その後，化学構造を一部変化させる利用が行われるようになった．セルロースからのセルロースアセテートの合成，脂肪からの石鹸の製造はその代表例である．こうした利用の中で多様性と規模の大きいのが油脂から出発する有機化学品の製造で，それが本章の主題である．デンプンやタンパク質からの加工食品や発酵による製品もあるが，これらのほとんどは食品工業の範疇に入る．

上に述べたことから分かるように，生物資源の利用はもとの化学構造の特徴をなるべく生かす形で行われており，化石資源の利用の場合と大きく異なっている．

6.2 油脂とは何か

植物・動物から取り出した油脂は単一の物質ではないが，主な成分は長鎖

$R^1COO-CH_2$
$R^2COO-CH$
$R^3COO-CH_2$

6.1 脂肪

脂肪酸のトリエステル（トリグリセリドまたはトリアシルグリセロール；6.1)である．

トリグリセリドを構成する三つの脂肪酸は，炭素数，不飽和度が異なっていることが多い．油脂にはトリグリセリドのほかにリン脂質，コレステロールのようなステロイド，脂溶性のビタミンなどが含まれている．

油脂に構造上関係の深い物質にロウ（蝋）がある．ロウは高級脂肪酸と高級アルコールのモノエステルである．ロウにはろうそく（現在は主に石油系炭化水素から作られている）のほか工業的な利用がある．

脂肪の中に存在する脂肪酸のうち代表的なものを表 6.1 に示す．天然に存在する脂肪酸はふつう直鎖で，炭素数が偶数である．不飽和脂肪酸では二重結合に関してシス構造を持つものが多い．表 6.1 に見るように，同じ炭素数でも飽和脂肪酸は融点が高く，不飽和結合を含むものは融点が低い．グリセリンのトリエステルである油脂も飽和脂肪酸を多く含むものは固体であり，不飽和脂肪酸を多く含むものは液体である．液体のものに「油」を，固

表 6.1 主な脂肪酸

脂肪酸（慣用名）	構　造　式	融点（℃）
カプリン酸	$CH_3(CH_2)_8COOH$	31.5
ラウリン酸	$CH_3(CH_2)_{10}COOH$	44
ミリスチン酸	$CH_3(CH_2)_{12}COOH$	54
パルミチン酸	$CH_3(CH_2)_{14}COOH$	62.5
ステアリン酸	$CH_3(CH_2)_{16}COOH$	70
アラキジン酸	$CH_3(CH_2)_{18}COOH$	76
ベヘン酸	$CH_3(CH_2)_{20}COOH$	80
オレイン酸	$CH_3(CH_2)_7CH=CH(CH_2)_7COOH$ (*cis*)	14
エルシン酸	$CH_3(CH_2)_7CH=CH(CH_2)_{11}COOH$ (*cis*)	34
リノール酸	$CH_3(CH_2)_4CH=CHCH_2CH=CH(CH_2)_7COOH$ (*cis, cis*)	−9.5
リノレン酸	$CH_3CH_2CH=CHCH_2CH=CHCH_2CH=CH(CH_2)_7COOH$ (*cis, cis, cis*)	—
リシノレイン酸	$CH_3(CH_2)_5CH(OH)CH_2CH=CH(CH_2)_7COOH$ (*cis*)	—
エレオステアリン酸	$CH_3(CH_2)_3(CH=CH)_3(CH_2)_7COOH$ (*trans, trans, cis*)	48

6.2 油脂とは何か

表 6.2 主な動植物油脂の性状と主成分 (亀岡 弘, 1999[3])

		油脂名	凝固点(°C)	けん化価	ヨウ素価	主成分(%)
動物油脂	陸産	牛脂	35~50	190~200	25~60	パルミチン酸(24~35), ステアリン酸(14~30), オレイン酸(39~50)
		豚脂	28~48	193~200	46~70	パルミチン酸(24~33), ステアリン酸(8~12), オレイン酸(40~60)
		羊脂	44~55	192~198	31~47	パルミチン酸(25), ステアリン酸(31), オレイン酸(26)
		バター脂	-5~25	218~235	25~47	ミリスチン酸(10~20), パルミチン酸(12~17), オレイン酸(27~47)
	海産	ナガス鯨油	—	185~194	107~110	C_{14}, C_{18} 飽和酸(~25), $C_{16:1}$, $C_{18:1}$ 酸(主成分)
		マッコウ鯨油	—	147~149	71~74	C_{10}~C_{18} 飽和酸, $C_{12:1}$~$C_{18:1}$ 酸, 不けん化物(39)
		イワシ油	—	187~196	165~190	C_{18}~C_{22} 高度不飽和酸(~70)
		タラ肝油	—	188~187	170~182	C_{18}~C_{20} 高度不飽和酸(~80)
植物油脂	不乾性油	オリーブ油	0~6	185~196	75~90	パルミチン酸(7~15), オレイン酸(70~85), リノール酸(4~12)
		ヒマシ油	-8~-10	176~187	81~91	オレイン酸(7~9), リノール酸(3~4), リシノレイン酸(80~87)
		落花生油	0~3	188~197	82~109	パルミチン酸(6~13), オレイン酸(35~70), リノール酸(20~40)
		ヤシ油	14~25	246~263	7~16	カプリン酸(4~12), ラウリン酸(45~52), ミリスチン酸(15~22)
	半乾性油	ゴマ油	-6~-3	178~195	103~118	パルミチン酸(7~12), オレイン酸(35~46), リノール酸(35~48)
		ナタネ油	-12~0	167~180	94~107	オレイン酸(10~35), リノール酸(10~20), エルシン酸(35~60)
		ヌカ油	-10~-5	183~192	99~108	パルミチン酸(13~18), オレイン酸(40~50), リノール酸(29~42)
		綿実油	-6~4	191~199	88~121	パルミチン酸(20~30), オレイン酸(15~30), リノール酸(40~52)
	乾性油	アマニ油	-27~-18	188~196	168~190	オレイン酸(20~35), リノール酸(5~20), リノレン酸(30~38)
		サフラワー油	-5	186~192	122~150	パルミチン酸(4~8), オレイン酸(8~25), リノール酸(60~80)
		大豆油	-8~-7	188~195	114~138	パルミチン酸(5~12), オレイン酸(20~35), リノール酸(50~57)
		キリ油	-21~-17	185~196	155~175	オレイン酸(4~16), リノール酸(9~11), エレオステアリン酸(77~82)

注: $C_{n:m}$ 酸は炭素数 n の二重結合 m 個を持つ酸.
けん化価, ヨウ素価については表 6.3 参照.

体のものには「脂」をあてている．

　トリグリセリドを主成分とする主な油脂を表6.2にあげる．植物油の中で不飽和度の高いものは油を薄く広げて放置すると乾燥皮膜となるので乾性油といい，そうでないものを不乾性油という．不乾性油にはオリーブ油，落花生油，ひまし油などがあり，ごま油，菜種油，とうもろこし油，ぬか油，綿実油などは半乾性油である．乾性油には亜麻仁油，サフラワー油，大豆油などがある．

　魚油は日本ではいわし，さば，さんまからのものが多い．魚油には二重結合が4個以上の高度不飽和脂肪酸が含まれており，ドコサヘキサエン酸（DHA），エイコサペンタエン酸（EPA）は健康上よいとして話題になる．

　油脂の特性を評価するのに，酸価，けん化価，ヨウ素価が用いられる（表6.3）．これらの値から，遊離脂肪酸量，エステル量，平均分子量，不飽和度などが求められる．

表6.3　油脂の化学的特性

酸価（AV；acid value）：油脂1gの中に存在する遊離脂肪酸を中和するのに要するKOHのmg数．
けん化価（SV；saponification value）：油脂1gを完全にけん化するのに要するKOHのmg数．
ヨウ素価（IV；iodine value）：試料に吸収されるハロゲンの量をヨウ素に換算し，試料に対する百分率で示したもの（不飽和度の測定）．

　油脂の不飽和結合に隣接するメチレン基はラジカルに対する反応性が高く，空気中の酸素と反応し，ヒドロペルオキシドを生成し，カルボニル基の生成，炭素鎖の切断，鎖間の橋かけなどを起こす．これは連鎖的な自動酸化である．

6.3 製　油

製油の工程は，動植物の原料から原油を分離する採油工程と，原油から不純物を除く精製工程に分けられる．

植物（主に種子）からの採油の最も簡単な方法は圧搾法である．サフラワー油や菜種油のように含油量の大きい原料の場合に用いられる．残油量は 4～5％ である．

大豆油のような含油量の少ない原料からの採油には溶剤による抽出法が用いられる．溶剤としては一般にヘキサンを使う．まず圧搾により油の大部分を取り出したあと抽出にかける方法もある．採油粕はタンパク質を含み，飼料，肥料として有用で，大豆粕は化学調味料，味噌，醤油の原料とする．

牛脂，豚脂など動物の油脂は腐敗しやすいので，小さく切った原料に過熱水蒸気を吹き込んで採油する方法がとられる．魚油の場合はまず魚を水と煮て油を分離させて採り，さらに煮粕を圧搾して残りを採る．

採油した油には，遊離脂肪酸，リン脂質，タンパク質，色素，におい成分などの不純物を含んでいるので，それぞれ適当な方法を用いて除く．

6.4 油脂の加工

油脂の主な成分であるトリグリセリドの化学構造を一部変化させて有用な物質を作り出すのが，油脂の化学工業の中心である．長鎖脂肪族の構造を基本的に保つのが特徴である．用いられる主な化学反応には不飽和結合への水素添加とエステル結合の加水分解がある．

6.4.1　水素添加

不飽和結合の多い油脂は，先に述べたように，空気中で自動酸化を受け変質しやすい．そこで油脂を水素添加することによって不飽和結合を減らすと

油脂の安定性が増す．また不飽和結合が飽和になると油脂の融点が高くなり，液体のものが固体になる．そこで不飽和結合の多い油脂に水素添加することを「硬化」と呼ぶ．硬化油は石鹸，マーガリン，食用油などの原料として重要である．

水素添加の触媒としては遷移金属が用いられるが，工業的には主にニッケルを用い，120℃，1〜5気圧で反応を行う．原料油には触媒毒となるものが含まれているので，あらかじめ精製により除く．

水素添加の程度は目的によって変える．いろいろな不飽和酸を含む油脂の水素添加では，不飽和度の高い酸のほうが早く水素添加を受ける．また水素添加の際には二重結合の位置の移動や，シス型からトランス型への異性化が起こる．

6.4.2 加水分解

油脂の加水分解によって高級脂肪酸とグリセリンが得られる（式 6.1）．

$$\begin{array}{c} R^1COO-CH_2 \\ | \\ R^2COO-CH \\ | \\ R^3COO-CH_2 \end{array} + 3\,H_2O \longrightarrow \begin{array}{c} R^1COOH \\ R^2COOH \\ R^3COOH \end{array} + \begin{array}{c} CH_2OH \\ | \\ CHOH \\ | \\ CH_2OH \end{array} \quad (\text{式 6.1})$$

反応は油脂を水と高温，高圧で反応させる．酸，アルカリなどの触媒を用いる．加水分解の工業的プロセスには，トイッチェル法（アルキルベンゼンスルホン酸を触媒・油と水の乳化剤として用いる），加圧蒸気法（酸化亜鉛などの触媒を用い約 10 気圧で反応させる），高圧連続法（50 気圧の加圧水蒸気下，油脂と水を交流式で接触させる．無触媒）がある．大量生産には高圧連続法が適している．得られた脂肪酸は分別結晶法，減圧蒸留法，分子蒸留法により分別される．

油脂の加水分解ではグリセリンの含量が 20〜21％のグリセリン水（甘水）が得られる．不純物の脂肪酸は消石灰で処理してカルシウム石鹸として

除く．過剰の石灰をソーダ灰で析出させ，このときタンパク質などの有機不純物も除かれる．さらにイオン交換樹脂で無機塩類を除き，濃縮してさらに活性炭で処理，再濃縮して精製グリセリンにする．

6.4.3 石　鹸

油脂の加水分解を水酸化ナトリウムの水溶液を用いて行うと，脂肪酸のナトリウム塩，すなわち石鹸とグリセリンが得られる（式6.2）．

$$\begin{array}{l} R^1COO-CH_2 \\ R^2COO-CH \\ R^3COO-CH_2 \end{array} + 3\,NaOH \longrightarrow \begin{array}{l} R^1COONa \\ R^2COONa \\ R^3COONa \end{array} + \begin{array}{l} CH_2OH \\ CHOH \\ CH_2OH \end{array} \quad (式6.2)$$

石鹸は両親媒性物質として界面活性を示し，優れた洗浄作用がある（第9章）．

ナトリウム以外の金属の塩は金属石鹸と呼ばれ，触媒，撥水剤，増粘剤などに広い用途がある．

6.4.4　油脂の関連製品
1）高級脂肪酸のエステル

エステルの製造法には直接エステル化法とエステル交換法がある．直接エステル化法は最も一般的な方法で，脂肪酸とアルコールを無触媒下，135～200℃に加熱するか，触媒として硫酸，リン酸，p-トルエンスルホン酸，アルカリ金属酢酸塩などを用い，温和な条件で加熱，反応させる（式6.3）．

$$RCOOH + R'OH \xrightarrow{触媒} RCOOR' + H_2O \quad (式6.3)$$

エステル交換法ではトリグリセリドなどのエステルに他の脂肪酸，アルコール，エステルを反応させて別種のエステルを合成する．エステルとアルコールとの反応（アルコリシス）はナトリウムメトキシドなどを触媒として

行う(式6.4).

$$R^1COO-CH_2 \atop R^2COO-CH \atop R^3COO-CH_2 + 3CH_3OH \xrightarrow{CH_3ONa} {R^1COOCH_3 \atop R^2COOCH_3 \atop R^3COOCH_3} + {CH_2OH \atop CHOH \atop CH_2OH} \quad (式6.4)$$

モノグリセリドや糖類のエステル,糖アルコールのエステルはエステル交換法で製造される.

6.4.5 高級アルコール

高級アルコールは界面活性剤,可塑剤,化粧品,医薬品などに広く用いられている.グリセリド,脂肪酸,ロウの還元による製造が行われている.石油化学により合成されるものもある.天然の高級アルコールの例を**表6.4**に示す.

表6.4 天然に存在する主な高級アルコール (亀岡 弘, 1999[3])

名称	分子式	融点 (°C)	存在
ラウリルアルコール	$CH_3(CH_2)_{11}OH$	24	マッコウ鯨油
ミリスチルアルコール	$CH_3(CH_2)_{13}OH$	38	マッコウ鯨油
セチルアルコール	$CH_3(CH_2)_{15}OH$	49	マッコウ鯨油
ステアリルアルコール	$CH_3(CH_2)_{17}OH$	58	マッコウ鯨油,モンタンろう
オレイルアルコール	$CH_3(CH_2)_7CH=CH(CH_2)_8OH$	2	マッコウ鯨油
イコシルアルコール	$CH_3(CH_2)_{19}OH$	65.5	マッコウ鯨油,羊毛脂
テトラコシルアルコール	$CH_3(CH_2)_{23}OH$	75.5	カルナバろう,モンタンろう,羊毛脂
オクタコシルアルコール	$CH_3(CH_2)_{27}OH$	82.5	蜜ろう,羊毛脂
メリシルアルコール	$CH_3(CH_2)_{30}OH$	85	カルナバろう,蜜ろう

上記アルコールは主として高級脂肪酸のエステルとして存在.工業的には脂肪酸の還元で製造.

1）高圧還元法

グリセリド，脂肪酸，そのメチルエステルを遷移金属触媒を用い水素で還元する（式 6.5）.

$$\begin{array}{c} R^1COO-CH_2 \\ R^2COO-CH \\ R^3COO-CH_2 \end{array} \xrightarrow[\substack{250-340\,°C \\ 100-300\,気圧}]{\substack{H_2 \\ 触媒}} \begin{array}{c} R^1CH_2OH \\ R^2CH_2OH \\ R^3CH_2OH \end{array} + \begin{array}{c} CH_2OH \\ CHOH \\ CH_2OH \end{array} \quad (式 6.5)$$

飽和アルコールの製造には銅-クロム系の触媒が，不飽和アルコールの製造には亜鉛-クロム系などの触媒が用いられる．この方法では少量の炭化水素が副生する．

2）金属ナトリウム還元法（ブーボー-ブラン法）

トルエンに金属ナトリウムを分散させ，反応媒体として第二級アルコールを用い，脂肪酸エステルと反応させて高級アルコールを作る（式 6.6）.

$$RCOOR' + 4Na + 2R''OH \longrightarrow RCH_2ONa + R'ONa + 2R''ONa \xrightarrow{H_2O}$$
$$RCH_2OH + R'OH + 2R''OH + 4NaOH \qquad (式 6.6)$$

アルコールとナトリウムが反応してできた活性な水素が還元力を持つと考えられている．この方法でオレイン酸エチルからオレイルアルコールが高収率で製造される．

6.4.6 窒素を含む誘導品

脂肪族アミド，ニトリル，脂肪族アミンなどは脂肪酸から合成される（式 6.7〜6.9）.

$$RCOOH + NH_3 \xrightarrow[160-200\,°C]{シリカゲル（脱水剤）} RCONH_2 + H_2O \qquad (式 6.7)$$

$$RCONH_2 \xrightarrow[\substack{SiO_2/Al_2O_3 \\ 300\,°C}]{-H_2O} R-C\equiv N \qquad (式 6.8)$$

$$R-C\equiv N \xrightarrow{H_2} R-CH_2-NH_2 \qquad (式6.9)$$

これらはプラスチック添加剤,接着剤,塗料,紙・繊維の処理剤,界面活性剤の中間体などに広い用途がある.

天然の脂肪酸はなぜ炭素数が偶数か

本文の表6.1 (p.76) に見るように,天然の長鎖脂肪酸の大部分は炭素の数が偶数である.それはなぜか.脂肪酸の生合成が,炭素2個の構成単位が次々と結合する形で行われるからである.

本文の図2.1 (p.6) に示したように,炭水化物が代謝される過程の途中の物質から脂肪が合成されるが,その鍵になるのが炭素2個の化合物である.炭水化物,たとえばデンプンやグリコーゲンの代謝の経路をごく大まかにたどろう(図1).これらはグルコースの重合体 $(C_6)_n$ であり,まずグルコー

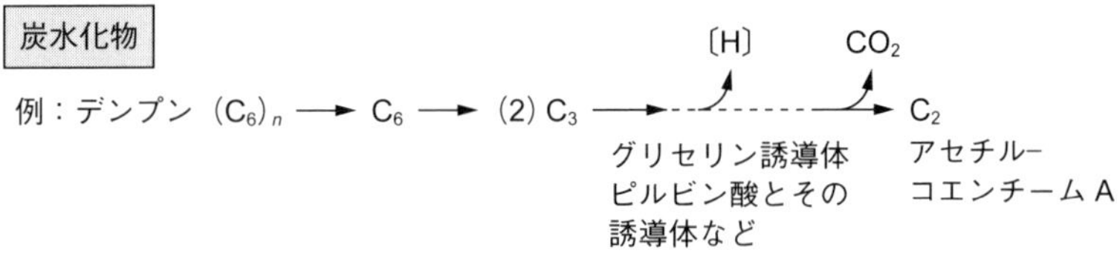

図1 炭水化物の代謝

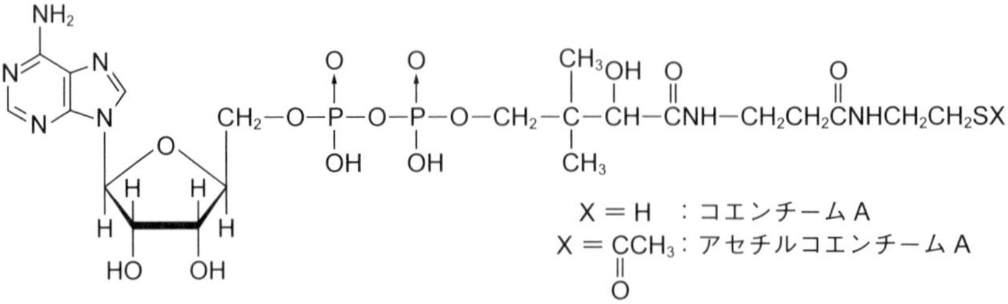

例:デンプン $(C_6)_n \longrightarrow C_6 \longrightarrow (2) C_3 \longrightarrow C_2$

$(2) C_3$: グリセリン誘導体,ピルビン酸とその誘導体など
C_2: アセチル-コエンチーム A

$X = H$:コエンチーム A
$X = CCH_3$:アセチルコエンチーム A
　　‖
　　O

図2 アセチルコエンチーム A

ス単位 C_6 への切断が起こる．生成した C_6 が切れて 2 個の C_3 になり，C_3 が 1 個の CO_2 を失って C_2 化合物になる．この間に多くの段階があるが，図 1 はそれをごく簡単に示したものである．この C_2 化合物がアセチルコエンチーム A (図 2) で，構造は複雑だが右端の硫黄に結合したアセチル基が長鎖脂肪酸の源となる C_2 構成単位である．これが結合して炭化水素基になるのだから還元反応も起こる．まず，C_2 が 2 個結合して C_4 になる過程は式 1〜4 のようである．

$$CH_3CO-CoA + HCO_3^- \xrightarrow{ATP} {}^-O_2C-CH_2CO-CoA \quad (式1)$$
アセチル　　　　　　　　　　　　　　マロニル
コエンチーム A 　　　　　　　　　　　コエンチーム A

マロニルコエンチーム A ＋ アシル担持タンパク (ACP)
$$\rightleftarrows マロニル ACP + コエンチーム A \quad (式2)$$

アセチルコエンチーム A ＋ ACP
$$\rightleftarrows アセチル ACP + コエンチーム A \quad (式3)$$

$${}^-O_2C-CH_2CO-ACP + CH_3CO-ACP \xrightarrow{-ACP} CH_3CO-CH_2CO-ACP + CO_2$$
マロニル ACP　　　　　アセチル ACP　　　　　　アセトアセチル ACP
$$(式4)$$

アセチル基はコエンチーム A からアシル担持タンパク (ACP) に移って反応が起こる．これで C_4 が生成したわけだが，その還元は式 5〜7 のような NADPH (図 3) が関与する 3 段階で起こる．

$$CH_3COCH_2CO-ACP + NADPH + H^+$$
$$\rightarrow CH_3CH(OH)CH_2CO-ACP + NADP^+ \quad (式5)$$

$$CH_3CH(OH)CH_2CO-ACP \rightarrow CH_3CH=CHCO-ACP + H_2O \quad (式6)$$

$$CH_3CH=CHCO-ACP + NADPH + H^+ \rightarrow CH_3CH_2CH_2CO-ACP + NADP^+$$
$$(式7)$$

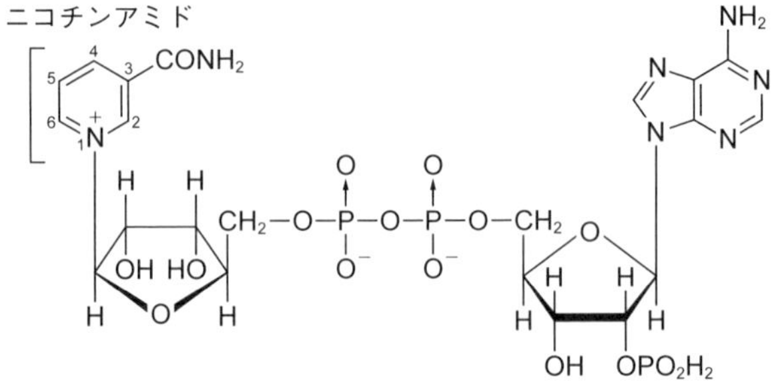

図3 NADP$^+$(ニコチンアミドアデニンジヌクレオチドリン酸)の構造
NADPHではニコチンアミドのピリジン環が1,4-ジヒドロピリジンの形になっている．

こうしてできたC_4(ブタノイル基)に式4の反応でC_2が結合し，これが還元されるとC_6(ヘキサノイル基)になる．この一連の反応が繰り返されると長鎖脂肪酸ができる．

脂肪は長鎖脂肪酸とグリセリンのエステルであるが，このグリセリンは図1に示した炭水化物の代謝経路のC_3化合物からできる．本文の図2.1から分かることだが，仮に脂肪を全く摂取しなくても，炭水化物を大量に食べれば余分のエネルギーは脂肪として貯えられる．

第7章　有機化学製品にはどんなものがあるか

　有機化学製品に要求される性質・機能には，電気的性質，光学的性質，生理活性，界面活性，力学的性質などがある．これらの性質には，それが分子の中の電子の振る舞いによるもの，一個の分子全体に帰せられるもの，分子の集合体の振る舞いによるもの，がある．また，性質・機能と化学構造との関係が理解されていて物質の設計ができるものと，そうでなくて設計が難しいものとがある．

　これまでの各章では，主な有機資源から目的物質のための原料・中間体に至る道筋を説明した．以下の各章ではそれらの原料から目的とする物質に至る過程について述べるが，その前に有機化学製品にはどんなものがあるか，主なものについて全体の中の位置づけを見ておきたい．

　何かの目的・用途に役立つには，そのために要求される性質・機能を持つことが必要である．有機物質は分子性の物質であるが，① その性質が分子のなかの電子の振る舞いによるもの，② 1個の分子全体の振る舞いによるもの，③ 分子の集合体の振る舞いによるもの，に分けることができる．① には電気的性質と光学的性質，② には生理活性（味，香り，薬理活性），③ には界面活性，力学的性質などがある．

　また，これらの性質・機能と化学構造との関係が基本的には理解されているものと，そうでないものとがある．前者は原理的には目的の物質を設計し合成することができるが，後者ではそれは難しい．

7.1 電気的性質

物質の中を電気が流れるとは，荷電粒子，電子またはイオンがその中を動くことである．有機化合物は一般に炭素－炭素，水素，酸素，窒素などの間の共有結合で構成されており，電子はそこに局在化して動くことができない．その結果ほとんどの有機物質は絶縁体である．しかしこの性質はとても重要で，たとえば電線の芯が良導体の銅，周囲が絶縁体のプラスチックでできているように，絶縁体の物質は電気の利用にとって不可欠である．

有機物でも単結合と二重結合が交互につながった共役系がある程度大きい物質は，分子の中，あるいは分子間で電子が動きやすいので，半導性を示す．多環芳香族化合物やポリアセチレンがその例である．

絶縁体は，すべてではないが，誘電性を示す．誘電性とは物質を電場に置いたときにそれを構成する分子，結合に正負の電荷が現れる現象である．液晶表示装置は液晶分子のこの性質を利用したものである．液晶とは液体と結晶の中間のある程度規則正しく分子が配列した状態で，これに電場をかけると分子の誘電性により配列状態が変わり，光の透過性が変わる，というものである（コラム「液晶」(p.91) 参照）．

一般には有機化合物は電気的性質に関しては「不活性な」物質である．有機工業化学の中で独立に扱われることはあまりない．

7.2 光学的性質

有機化合物には色のあるものもあるが，大部分は白色または無色の物質である．色は，光源（ふつう太陽光）から出る光に含まれる種々の波長の光のうち特定の波長の可視光をその物質が吸収することによって見える．太陽の光をその物質が全部反射すれば白く見え，すべて透過させれば無色透明に見える．光を全部吸収すれば黒く見える．

物質が可視−紫外領域の光を吸収すると，それを構成する電子が基底状態からエネルギーの高い励起状態になる．このエネルギー差に相当する波長の光が吸収される．一般に，有機分子を構成する単結合や二重結合にかかわる電子は可視光のエネルギーによっては励起されない．

しかし，有機分子がある程度長い共役系を持つと基底状態と励起状態とのエネルギー差が小さくなり，可視光を吸収する．したがって色のある物質を合成するには，ある程度長い共役系を持つ分子を設計すればよい．染料（第8章）の合成は基本的にはこの原理に基づいている．

7.3 生理活性

味と香りは，口の中，鼻の中の感覚細胞にある受容体（タンパク質）によって味物質，香り物質の分子が受容され，識別されることによって起こる．全く異なる化学構造の物質がよく似た味や香りを示したり，逆に同じ化合物でも光学対掌体によって味や香りが異なる場合があることを考えると，味や香りを特定の官能基などに対応させることは一般的にはできず，分子全体の形が味や香りを決めるといわざるを得ない．

これらの中で，味物質のほとんどは天然物を利用し，合成反応を用いる例は少なく，ふつう有機工業化学では扱われない．一方香り物質の中にはイソプレン構造単位からなるテルペノイドという一群があり，天然物の人工合成も行われているので，香料は有機工業化学のレパートリーの一つである（第10章）．

医薬や農薬の働きはその対象（人間，動物，植物；器官，組織，細胞）が極めて多様であり，作用の仕組みが分かっていないものも多い．電気的性質や光学的性質と違って，分子の構造と生理活性との関係は不明なことが多い．医薬や農薬の合理的な設計は大きい目標であるが，現状ではそれが成功しているのは一部である．

医薬・農薬には多様な合成物質があるが，それぞれの合成ルートを書いても，一部の群を除いては，統一的な見方は提供できない．そこで有機工業化学の本の多くでは多種類の医薬・農薬の構造式を枚挙するにとどめている．本書ではそうではなく，構造と活性の相関，作用機構，合成法などが知られた例をいくつか挙げて説明する（第11章）．

7.4 界面活性

界面活性とは，ある物質が水と空気のような異なる相の間に存在すると，その界面，表面の性質を変える現象のことである．同一分子中に親水基（たとえばイオン性の基）と疎水基（長鎖アルキル基）の両方を持つ物質では，親水基同士，疎水基同士が集まり分子の集合体（ミセル）を作る．このことが界面活性をもたらす．このような構造の分子を設計し合成することは基本的に可能である．代表的な用途は洗剤である（第9章）．

7.5 力学的性質

力学的性質が利用され，形のあるものを作る構造材料になる有機物質は高分子化合物である．ガラス，陶磁器のような無機物質や金属と比べたときの高分子物質の特徴は，それらが「軟らかい」ということである．高分子材料の代表は繊維，プラスチック，ゴムである．

高分子（巨大分子）は，同一または類似の構造単位が多数つながった線状の分子である．その骨格（鎖）を作る単結合のまわりに回転が起こりえるために，高分子は多様な形態をとり，それらは容易に相互に変化する．高分子の集合体である高分子物質の固体においてもこのことは同様であり，これが「軟らかい固体」という特徴をもたらす．この特徴を持つ有機分子の設計と合成は基本的には可能である．その原理は簡単で，高分子の構造単位に相当

する小さい有機分子を互いに多数結合させることである．高分子化合物の原料になる低分子化合物には，① 同一分子内に互いに反応する2個の官能基を持つ化合物，② 不飽和化合物，③ 環状化合物がある．

　繊維，プラスチック，ゴムに代表される高分子材料は，生産量の点では他の有機化学製品に比べ格段に大きい．石油化学製品の原料となるナフサのうち8割以上が高分子材料の製造に当てられる．こうした基礎，応用の面での重要性から，高分子化学は独自性の高い分野となっており，大部の教科書が出ている．限られたスペースの本書では高分子材料についての独立の章は設けていない．

液晶

　液晶は液体と結晶の中間の状態のことである．ある種の有機化合物の結晶の温度を上げていくとあるところで液状になるが，この液体は透明でなく濁っている．この状態で分子がある程度規則正しく配列していることは，光を当てると向きによって通り方が違う（異方性がある）ことから分かる．さらに温度を上げるとあるところで透明な，真の液体になる．液晶状態での分子のある程度規則正しい配列の仕方はいろいろある（図1）．

スメクチック　　ネマチック　　コレステリック

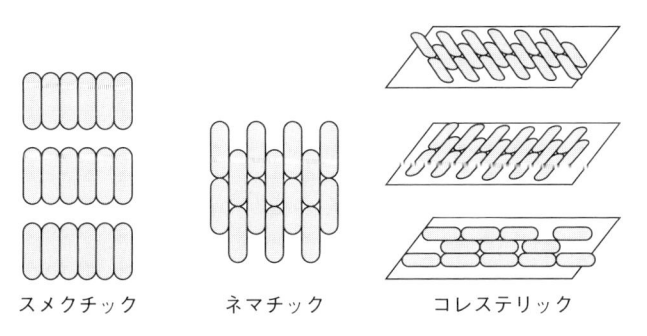

図1　液晶の中の分子の配列

スメクチック液晶では棒状の分子が向きと頭をそろえて並んでいる．ネマチック構造では向きはそろっているが頭はそろっていない．スメクチック型またはネマチック型の層が少しずつ向きを変えてラセン状に積み重なった構造がコレステリック液晶である．それぞれを作る化合物の例を図2に示す．

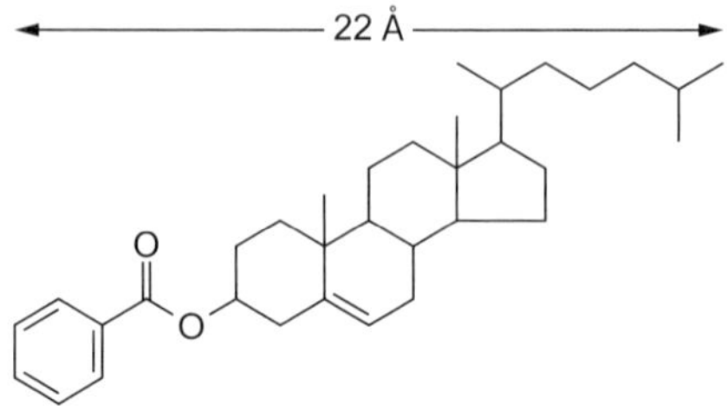

安息香酸コレステリル
（コレステリック液晶）

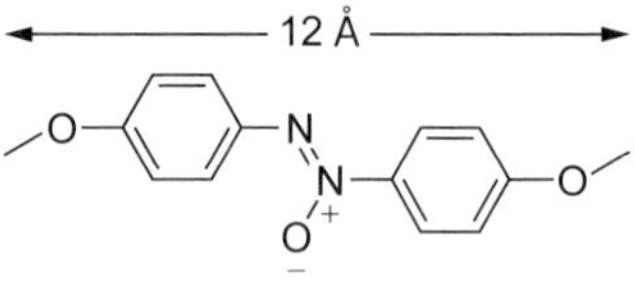

p, p' アゾキシアニソール
（ネマチック液晶）

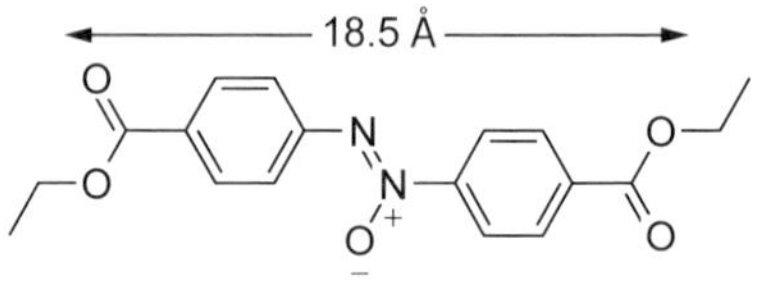

ジエチル p, p' アゾキシベンゾエート
（スメクチック液晶）

図2　液晶を作る化合物

　これらの例のように，液晶を作る化合物は芳香環と二重結合で構成され分子内の回転が起こりにくい棒状の分子や，縮合環でできた板状の分子である．
　液晶表示装置は上に述べた液晶の光に関する異方性と，分子の誘電性を利

7.5 力学的性質

用したものである．誘電性とは極性のある分子を電場に置いたときに分子が電場の向きに配向する性質のことである．液晶状態の化合物を二つの電極の間に挟むと，ある向きに光が透過する（あるいは透過しない）．ここで電圧をかけると極性の分子はその方向を変え配列が乱れ，光が通らなくなる（あるいは通しやすくなる）．したがって電圧のかかった部分だけが暗く（あるいは明るく）見える（**図3**）．

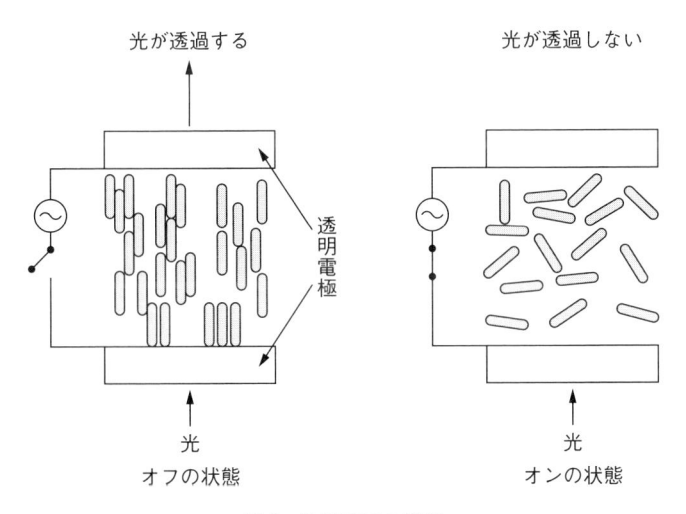

図3 液晶表示の原理

色の付いた表示をするには，一般に，液晶にはならなくても分子の方向によって特定の波長の光を吸収する化合物を液晶に混ぜる．この色のある分子は液晶分子の動きにつれて向きを変え，色のある画像を出したり消したりすることができる．この目的に使う化合物（色素）の基本構造は染料（第8章）のところで述べるのと同じである．

第8章　染料・顔料・塗料

　染料となる有機化合物には二重結合と単結合が交互にある程度長くつながった共役系の構造が必要である．このために，染料の大部分は芳香族系有機化合物である．染めるためには水溶性も必要である．染色法も重要で，いろいろの工夫がなされている．染料に関係の深いものに，水にも油にも溶けない顔料がある．塗料は高分子物質，油脂，溶剤，顔料などから構成されている．

　人類による染料の利用には古い歴史がある．紀元前何千年か昔のエジプトで染められた藍色の衣服が今に伝わる．使われた染料は今でいうインジゴで，インジゴは植物のアイ（藍）から取り出される．日本でもタデアイが古くから栽培され，徳島は今もその産地である．一方 19 世紀の後半にはインジゴの化学構造が明らかになり，石炭を主な資源として工業的に生産されるようになった．現在は主な資源が石油に代わったが，基本的には同じ方法でインジゴが製造されている．

　インジゴはもともと天然の染料であったが，それによって染める布，糸，繊維も木綿のような天然の高分子物質であった．植物由来の染料にはほかにアリザリン（アカネ（茜）から），カルタミン（ベニバナ），クルクミン（ウコン），シコニン（ムラサキ）などがあり，動物由来のものはカルミン（コチニール），古代紫（巻貝の一種）などが用いられてきたが，これらが染めるのは木綿，麻のようなセルロースと絹，羊毛のようなタンパク質であった．19 世紀後半に合成染料が登場して天然染料には得られない多様で鮮やかな色に染

めることができるようになったが，その対象はやはり天然繊維のセルロースやタンパク質であった．20世紀に入り1930～40年代に合成繊維が登場し，これらには天然高分子とかなり化学構造の異なるものがあり，それらを染めることのできる染料の開発が課題となった．

8.1 染料の分子構造

染料となる有機物質の第1の要件は色を持つ，すなわち可視光を吸収することであり，7.2節で述べたように化学構造としては二重結合と単結合が交互にある程度長くつながった構造，共役系を持つことが必要である．また，染料として使える物質の色は長持ちし，褪せないものでなくてはならない．葉の緑色の成分クロロフィル（葉緑素）は鮮やかな色を持つが，すぐに変化してしまう．もう一つの要件は，水に溶け，浸した糸，布に浸み込み，染着した後は落ちないことである．

染料の分類は，1) 色の基本である分子構造と，2) 染色方法の二つの点から行われる．染色方法も分子構造と関係はあるが，ここではまず「色のある物質を作る」という観点から染料の合成法について述べる．

8.2 染料の合成

可視光を吸収する有機分子の構造の特徴が共役系であることから分かるように，現在生産されている合成染料の大部分は芳香族系有機化合物である．その骨格の代表はアゾベンゼン (8.1)，アントラキノン (8.2) とインジゴ (8.3) である．

8.1　アゾベンゼン　　　8.2　アントラキノン　　　8.3　インジゴ

アゾベンゼンのアゾ基 $-N=N-$ は可視光の吸収に特に有効であり，このような基は発色団と呼ばれる．また，たとえばアゾベンゼンにアミノ基，アルキルアミノ基，ヒドロキシ基などが結合すると色やその強さが変化する．このような基を助色団という．

また染料となるには水溶性，染着性のための基が必要であり，スルホン基がしばしば導入される．これらを合わせて染料の分子が合成される．

8.2.1　アゾ染料

アゾ染料は発色団であるアゾ基を基本構造とするが，これに他の発色団や助色団を組み合わせると非常に多くの種類の染料が作れる．アゾ染料は染料の中で種類と生産量の点で最も大きい部分を占める重要な染料である．

ここではアゾ染料の例としてアシッドレッド I を例にとり，その資源から中間体を経て染料に至るまでの合成経路を説明する（図8.1）．

炭素骨格の原料はナフタレンとベンゼンとである．それぞれ石炭（コールタール）と石油（ナフサ）をもとに製造される．それぞれはスルホン化，ニトロ化，ニトロ基の還元（アミノ基へ），スルホン基のフェノール性ヒドロキシ基への変換といった芳香族の化学の代表的な反応によってアゾ基の生成の前の段階の中間体まで誘導する．

ベンゼンから誘導されたアニリンは亜硝酸との反応でジアゾニウム塩にする．ナフタレンから誘導された中間体のアセチル H 酸には助色団となるヒドロキシ基，アセチルアミノ基と，水溶性，染着性をもたらすスルホン基が結合している．アニリンからのジアゾニウム塩は淡黄色である．この二つが

8.2 染料の合成

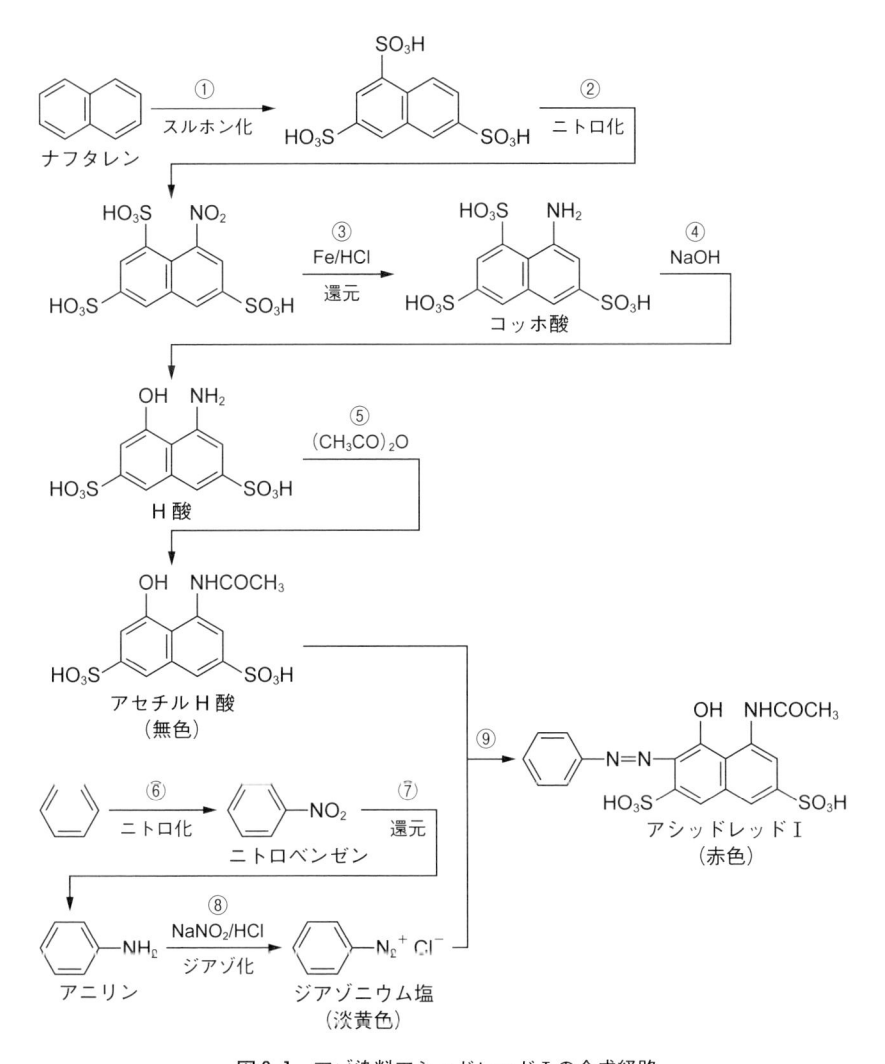

図 8.1 アゾ染料アシッドレッド I の合成経路

　反応してアゾ基ができるときに初めて鮮やかな赤色の物質になる．
　アゾ染料の合成で最も重要なのは，ジアゾ化と，その芳香環への求電子置換反応であるカップリングとである．

1) ジアゾ化

芳香族アミンのジアゾ化に必要な亜硝酸は，亜硝酸ナトリウムの水溶液を酸性にして得る．亜硝酸は安定ではなく，反応は 0〜5℃ の低温で行う（式 8.1）．

$$\text{C}_6\text{H}_5\text{-NH}_2 + \text{NaNO}_2 + 2\text{HCl} \xrightarrow[0-5\,°C]{\text{H}_2\text{O}} \text{C}_6\text{H}_5\text{-N}_2^+\text{Cl}^- + 2\text{H}_2\text{O} + \text{NaCl} \quad (式 8.1)$$

2) カップリング反応

生成するジアゾニウム塩は一般に安定ではないので，カップリング反応はそのまま水溶液中で行う．

$$\text{C}_6\text{H}_5\text{-N}_2^+ + \text{C}_6\text{H}_5\text{-X} \longrightarrow \text{C}_6\text{H}_5\text{-N=N-C}_6\text{H}_4\text{-X} \quad (式 8.2)$$

X：電子供与性基
　-OH, -NH$_2$, -N(CH$_3$)$_2$ など

カップリング反応の速さが最大になる pH は相手がフェノール類（X = OH）とアミン類（X = NH$_2$ など）とで異なるので，H 酸（図 8.1）のようなアミノナフトール類のカップリング反応では pH を制御することによってカップリングの位置が変えられる．pH 8〜10 ではフェノールがフェノキシドイオンになって電子供与性が増し，フェノール環へのカップリングが優先する．一方 pH 5〜7 では，アニリン環へのカップリングが起こる．このことを利用して，異なるアゾ成分を持つ染料 (8.4) が合成できる．

8.4　ナフトールブルーブラック

H酸のアミノ基をアセチル化するとアミノ基の電子供与性が下がるので，カップリングはフェノール環へ起こるようになる．

8.2.2 アントラキノン染料

アントラキノン染料はアゾ染料と並んで合成染料の二大部門の一つである．

アントラキノンは主にアントラセンの酸化によって合成される．アントラセンはコールタールに含まれており，蒸留や再結晶によって取り出される．アントラセンのほとんどはアントラキノンの製造に使われている（式8.3）．

$$\text{アントラセン} + \frac{3}{2}O_2 \longrightarrow \text{アントラキノン} + H_2O \quad (\text{式}8.3)$$

酸化は酸化クロム(VI)を用い50〜100℃で，またはバナジン酸鉄触媒による340〜380℃での空気酸化により行われる．

アントラキノンの合成のもう一つの方法は無水フタル酸とベンゼンとのフリーデル-クラフツ反応である（式8.4）．

$$\text{無水フタル酸} + \text{ベンゼン} \xrightarrow{AlCl_3} \text{o-ベンゾイル安息香酸} \xrightarrow{H_2SO_4} \text{アントラキノン}$$

(式8.4)

アントラキノンを骨格に持つ天然染料にアカネから得られるアリザリンがある．アリザリンそのものは淡い橙黄色であるが，アルミニウムの化合物とともに媒染(8.3.5項参照)を行うと木綿や羊毛を赤色に染めることができる．アルミニウムのほか用いる金属の種類によって色は異なる．

アリザリンの化学構造は1868年に明らかにされ，その後いろいろな合成

法が開発されてきたが，その代表はアントラキノンのスルホン化を経る方法である（式8.5）．

(式8.5)

現在ではアリザリンそのものはほとんど合成されていないが，アントラキノン骨格を持つ染料は種々製造されている．一例は8.5であり，これは水溶性ではないが，親水性に乏しい合成繊維に分散させて染めるための染料（分散染料，8.3.7項参照）として使われる．

8.5 ペルロンファストグリーンBT

8.2.3 インジゴ系染料

インジゴは植物のアイから得られる染料で，その歴史は先に述べたように長い．1883年にその化学構造が決定され，1897年には工業生産が始まった．

それはアニリンから出発する合成法である．アニリンをモノクロロ酢酸と反応させてフェニルグリシンのナトリウム塩とし，これをアルカリなどと反応させてインドキシルとし，その空気酸化によりインジゴを得る（式8.6）．

8.2 染料の合成

(式8.6)

インジゴは青紫色の物質であるが水に溶けない．このインジゴをヒドロサルファイト（亜ジチオン酸ナトリウム，$Na_2S_2O_4$）／水酸化ナトリウム水溶液と反応させると，還元されて緑黄色のロイコインジゴ（ロイコ：leuco：白）のナトリウム塩となり，水に溶けるようになる（式8.7）．

(式8.7)

これに繊維を浸して，空気中に放置すると再び酸化されたインジゴに戻り，青色に染めることができる．このような方法を建て染めという．

8.2.4 蛍光増白剤

白い布といっても，天然繊維でできた布は純白ではないし，衣服を使っているうちに黄ばみが出てくることはよくある．これを純白に見せるための物質が蛍光増白剤である．

蛍光とは，ある物質が光を吸収して励起状態になり，そのエネルギーの一部を失ってより低い励起状態になり，ここから基底状態に戻るときに光を出す現象をいう（図8.2）．このとき出る蛍光はもとの吸光よりもエネルギー

図 8.2 蛍光の原理

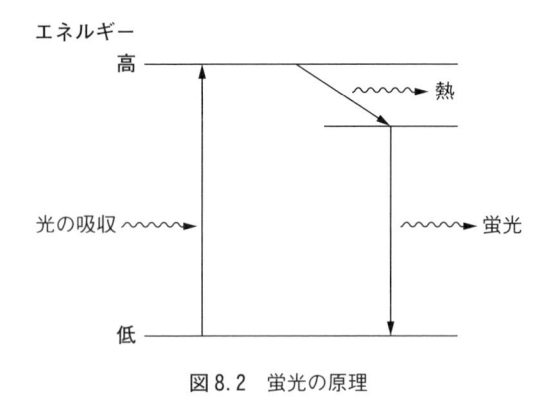

の小さい，波長の長い光である．たとえば紫外光を吸収すると紫－青の蛍光を出す．これが布の黄ばみと打ち消しあって白く見える．

蛍光による布の増白は，1929 年にクマリン誘導体 (**8.6**) の配糖体で木綿を処理すると黄ばみが消えることから見出された．その後ジアミノスチルベン誘導体 (**8.7**) がこの作用を示すことがわかり，現在この基本骨格が蛍光増白剤の主流となっている．

8.6　クマリン誘導体

8.7　ジアミノスチルベン誘導体

8.3　染色性と染色法

染料には繊維に染着すれば洗っても落ちず，また使用中に日光，水，摩擦などに対して安定であることが必要である．このような安定性を染色堅牢度という．高い堅牢度には染料と繊維との間の結合力が強いことが求められる．

8.3 染色性と染色法

8.3.1 染料と繊維の結合

染料と繊維の間の相互作用の代表的なものはイオン結合である．先に例を挙げたアゾ染料アシッドレッドⅠのスルホン基は，タンパク質繊維のもつ塩基性基であるアミノ基とのイオン結合を介して染着する．このような染料を酸性染料という．一方タンパク質繊維には酸性基のカルボキシル基があり，アミノ基を持つ塩基性染料はこれとのイオン結合によって染着する．

天然繊維のもう一つの代表はセルロースであるが，それには酸性基も塩基性基もない．働くのはそのヒドロキシ基と染料との間の水素結合である．

染料と繊維の構造によっては，それぞれの非極性部分の間の相互作用による疎水結合も染色性に寄与すると考えられる．

一方，染料と繊維の間に共有結合を形成させると強い染着性が期待できる．このような染料を反応染料という (8.3.8 項参照)．また金属の化合物を介して染める媒染法では，染料と繊維の金属原子への配位によって染着性が発現する (8.3.5 項参照)．

これらの染料と繊維の間の相互作用，結合とも関連して種々の染色法があり，それに応じて染料が分類される．

8.3.2 直接染料

水に可溶で，主に木綿などの植物性繊維を直接染色できる染料で，多くはアゾ系染料である．例を挙げる (8.8, 8.9)．

8.8 ベンゾパープリン 4B

8.9　ダイレクトスカイブルー5B (C. I. Direct Blue 15)

　酸性の条件で羊毛などの動物性繊維を染めるものは酸性染料である．アントラキノン系酸性染料の例を示す (8.10)．

8.10　アシッドサイアニングリーン G (C. I. Acid Green 25)

塩基性染料の例として，発色団がフェノチアジン骨格であるものの例を挙げる (8.11)．

8.11　メチレンブルー

8.3.3　発色染法 (ナフトール染料)

　アゾ染料の合成におけるナフトール類とジアゾ化合物との反応を繊維の中で行わせる方法である．まず繊維にナフトール類 (下漬け剤という；例：8.12) を浸み込ませ，ジアゾ成分 (顕色剤という；例：8.13をジアゾ化する) で処理し，繊維上に水に不溶のアゾ染料 (8.14) を形成させる．主に木綿の染色に用いられる．

8.12 ナフトール AS　　8.13 顕色剤の例　　8.14 ナフトール染料の一例

8.3.4 捺染（なせん）

これまで述べたのは糸，布などを染浴に浸して染着させる浸染の方法であり，主に無地染めに使われる．これに対して捺染は主に織物の上に染料を含むのり（糊）を印捺し，蒸気により模様を染着させる方法である．のり剤としてはデンプン類，アラビアゴム，ポリビニルアルコールなどが使われる．

8.3.5 媒染染料

染料の水溶性があまり高くなくて色が薄い場合や，染料と繊維の相互作用が小さくて濃い色が得にくい場合に用いられる方法が媒染である．アリザリン（式 8.5）はその代表例で，繊維をあらかじめアルミニウムなどの金属の

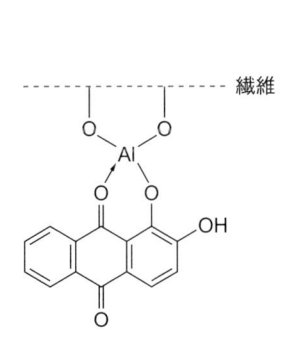

図 8.3 配位結合　　8.15 クロム媒染後のアゾ染料の部分構造の一例

塩で処理しておき，これを染料で染めると繊維に結合している金属に染料分子が配位し，結合する（図 8.3）．アゾ染料 (8.9) のメトキシ基がヒドロキシ基に置き換わったものをクロム塩を用いて媒染したものの配位の推定構造を 8.15 に示す．

8.3.6 建て染め染料

建て染め染料の代表はインジゴであり，ヒドロサルファイトによる還元・水溶性化，繊維への浸着，空気酸化による再生を経て発色させることはすでに述べた（式 8.7）．8.16 にアントラキノン系建て染め染料の一例を挙げる．色調は豊富であり，一般に木綿などの植物性繊維の染色に用いられる．

8.16 バットブルー RSN（インダンスレン）

8.17 インドカーボン CL（硫化染料）

還元剤として硫化ナトリウムなどの硫化物を用いて染色するものを硫化染料という．これは 8.17 のようにアミノフェノールやインドフェノールの骨格を持つものであるが，生成物の構造は複雑である．木綿用の黒色染料として大量に用いられる．

8.3.7 分散染料

合成染料は木綿のような植物性繊維，羊毛のような動物性繊維を染めることを目的に開発されてきた．一方，1930〜40年代に多くの合成高分子が作り出され，ナイロン（ポリアミド），ポリエステル，アクリル系合成繊維が開発された．ナイロンはアミド結合を持つ点でタンパク質に近いが，酸性基

8.3 染色性と染色法

も塩基性基もない．ポリエステル，アクリル系合成繊維の化学構造は天然繊維と全く異なっており，天然繊維に向けて作り出されてきた染料とは強く相互作用する基を持たない．合成繊維は従来の染料では染めにくい．

そこで逆に，親水性に乏しい合成繊維を非イオン性，疎水性の染料で染めるという考え方で作り出されたのが分散染料である．水に溶けない染料（色素）を微粉状にし，適当な分散剤，有機溶媒を用いて水にコロイド状に分散させ，これに合成繊維を浸して染める．例を挙げる（8.18, 8.19）．

8.18 ディスパースレッド R

8.19 ディスパースレッド GFL

合成繊維の生産量の増大に伴い，分散染料の生産も増えており，現在では染料全体の約三分の一を占めている．

8.3.8 反応染料

染料と繊維を共有結合でつなげば非常に強固に染着する．この考え方で開発されたのが反応染料である．例を示す（0.20, 8.21）．

8.20 プロシオンブリリアントオレンジ GS

8.21 リアクティブブルー R（プロシオンブルー MX-R）

8.20 はアゾ系染料，8.21 はアントラキノン系染料である．両者に共通するのは右端のトリアジンであり，ここの $-Cl$ 基がセルロース系繊維の $-OH$ 基と反応して共有結合を作る（式 8.8）．

$$\text{Cell}-\text{OH} + \text{Cl}-\text{Dye} \xrightarrow{-\text{HCl}} \text{Cell}-\text{O}-\text{Dye} \qquad (式 8.8)$$

セルロース　　染料

反応染料のもう一つの例を 8.22 に示す．

8.22 リアクティブブルー 19

この染料では右側下にある $-SO_2-CH=CH_2$ 基がセルロースの $-OH$ 基と反応して共有結合を作り，強く染着する．

　反応染料の生産量は染料全体の約四分の一を占めている．

8.4 顔料

染料は水溶性であるか，何かの方法で水溶性にすることによって，繊維に染着するものである．これに対して顔料は，水や油に不溶性の粉体を分散させ，色をつけるものの表面に塗り，あるいはその物質に混ぜて使う．前者は塗料，印刷インキなどへの利用であり，後者はプラスチックの着色などに用いられる．

顔料には無機物と有機物とがある．無機物の顔料の代表的なものには，酸化チタン（白），酸化亜鉛（白），カーボンブラック（黒），酸化鉄（べんがら：赤），黄色酸化鉄（黄），プルシアンブルー（青）などがある．

一方有機顔料は，その基本骨格はアゾ系，アントラキノン系など染料と共通したものが多い．これらの多くは19世紀半ば以降に発見されたものであるが，20世紀に入って発見されて工業的に重要なものにフタロシアニン系の顔料がある．

1928年に無水フタル酸とアンモニアの反応を鉄製の容器の中で行ってフタルイミドを合成する過程で，青色の副生物が得られた．やがてこのものの構造が明らかにされ，フタロシアーンと命名された．現在でいう鉄フタロシアニンである（式 8.9）．

(式 8.9)

金属フタロシアニン
$M = FeX$

現在の代表的な製法は，無水フタル酸またはフタルイミドと金属または金属塩を尿素中で加熱溶融して合成する方法である．種々の金属フタロシアニン

が合成できるが，銅フタロシアニンは堅牢な青色顔料として生産され，塗料，印刷インキ，プラスチック・ゴムの着色，織物の捺染などに広い用途がある．またその置換体は直接建て染め染料などにも用いられる．

8.5 塗 料

塗料の主な目的は，素材の表面を保護し，また美観を与えることである．塗料の構成を図 8.4 に示す．塗料の主な成分は塗膜形成成分で，油脂，天然樹脂，合成樹脂を溶剤に溶かしたものである．これはビヒクル（vehicle；展色剤）と呼ばれる．これらの油脂や樹脂は塗膜を形成するために硬化することが必要で，そのための硬化剤が加えられる．塗料に色をつける場合に必要な顔料が第二の成分である．顔料を含まない透明な塗料もある．添加剤には顔料の分散剤（主に界面活性剤），消泡剤，可塑剤，酸化防止剤，紫外線吸収剤，防錆剤などを目的に応じて加える．

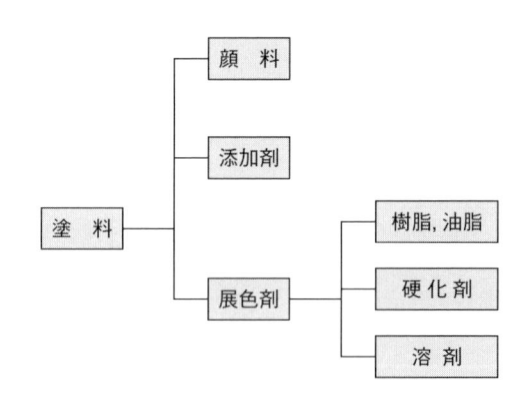

図 8.4 塗料の構成

8.5.1 塗料の分類

塗料は主にビヒクルの種類によって分類する．

1) 油性塗料

乾性油やこれを加熱,酸化させたボイル油などをビヒクルとして,有機酸金属塩を触媒として空気酸化と重合を促進させ塗膜を形成させる.有機溶剤を使わないのが特徴である.

2) セルロース系塗料

ニトロセルロース,アセチルセルロースなどを揮発性の溶剤に溶かしたものである.

3) 合成樹脂塗料

合成樹脂をビヒクルとする塗料で,アルキド樹脂,アクリル樹脂が代表的なものである.アルキド樹脂はグリセリンやペンタエリトリットのような多価アルコールと無水フタル酸のような多塩基酸の縮合で得られるポリエステル樹脂で,油脂とエステル交換反応(油変性)させた構造を持つ.現在の塗料の主流はこれである.アクリル樹脂はアクリル酸,メタクリル酸の誘導体を主な原料としたラジカル共重合体で,アルキド樹脂と違って主鎖にエステル結合を含まないので,耐候性,耐薬品性に優れている.

4) 水性塗料

水を媒体とする塗料は有機溶剤を使わないので火災,環境への配慮から利用が増えている.一般に合成樹脂の微粒子が水に懸濁したエマルション(emulsion,ラテックス latex ともいう)で,エマルション塗料と呼ばれる.これに用いられる合成樹脂にはポリ酢酸ビニル,スチレン-ブタジエン共重合体などがある.

8.5.2 塗装方法

塗装の方法には,最も簡単で一般的な刷毛塗り,ローラーブラシによる壁や天井の平面塗装,工業的な塗装法である吹きつけ塗装,塗料槽の中に浸す浸漬塗装などがある.

また塗装機と物体の間に電圧をかけ,塗料を噴射して荷電した塗料粒子を

物体に付着させる静電スプレー塗装がある．同じ方法で溶剤を使わず粉末とした塗料を用いる方法が静電粉体塗装である．ここで用いる粉体塗料は，固形の合成樹脂に硬化剤，顔料，添加剤を混合して溶融し，冷却，粉砕したものである．

粉体塗装の場合を除いて，塗料は流動性のある溶液かエマルションの状態にある．これが薄膜となって固化することを乾燥と呼ぶ．加熱して固化させることは焼付けという．塗料に含まれる樹脂や油の種類によって，溶剤が揮発して乾燥するもの（例：セルロース系塗料，エマルション塗料）と，反応が起こって固化，乾燥するもの（例：油性塗料，アルキド樹脂塗料）とがある．

モーブの発見

合成染料の第1号とされるのは，1856年に英国の若い化学者パーキン（W. H. Perkin）によって偶然の事から得られた赤紫色の色素である．そのときパーキンはマラリアの特効薬であるキニーネ（キニン）の合成を目指していた．当時キニーネの分子式は $C_{20}H_{24}O_2N_2$ であることが分かっていた．そこでパーキンは，トルイジン C_7H_9N をヨウ化アリルと反応させてアリルトルイジン $C_{10}H_{13}N$ とし，これを酸化すればキニーネが得られると考えた．

$$C_7H_9N + C_3H_5I \xrightarrow{-HI} C_{10}H_{13}N \qquad (式1)$$

$$2\,C_{10}H_{13}N + 3(O) \xrightarrow{-H_2O} C_{20}H_{24}O_2N_2 \qquad (式2)$$

1 キニーネ

当時はキニーネの構造式（1）は不明であり，今から考えればこの企ては無謀というほかなかった．

しかし偶然にも生成物として赤紫色の物質が得られ，これが羊毛や絹を染めることを見出した．同様のものはもっと簡単な原料の粗製アニリンの重クロム酸塩による酸

化によっても得られることが分かり，パーキンは直ちにこの染料の工業化に取り組み，モーブ (mauve) という名で売り出し成功した．

現在入手できるアニリンを使ってパーキンの実験を再現しようとしてもうまくいかない．当時のアニリンにトルイジンが混入していたことがパーキンに幸運をもたらしたのだ．モーブの主成分は，最近になってフェナジン骨格を持つ 2 と 3 の混合物であることが明らかにされている．

2   3

漆 の 話

漆器は英語で japan というように，日本の代表的な工芸品である．日本の漆はウルシ *Rhus verniflua* の樹液から得られる天然の塗料である．漆液の主な成分は脂質のウルシオール (60〜65 %) と水 (25〜30 %) であり，ほかにゴム質の多糖 (5〜7 %)，不溶性の糖タンパク質 (3〜5 %)，酵素ラッカーゼが含まれている．これらが油中水滴型のエマルションを構成している．

主成分のウルシオールは 3-ペンタデセニルカテコール類である (図 1)．

ウルシの木から得られた樹液をろ過したものを生漆，これを混練り撹拌してエマルションを分散させ水分を蒸発させて 3〜5 % にしたものを精製漆という．生漆は乳白色から薄褐色で漆工芸品の下地などに用いられ，精製漆は透明性のある濃色で，これは上塗り用の漆塗料に使われる．

常温乾燥 (硬化) 型の合成樹脂塗料は薄膜にして塗ると有機溶剤が揮発して湿度に関係なく常温で乾燥する．これに対して漆液は湿度の高い環境条件で乾燥する．漆を塗布した器物を相対湿度 70 %，20〜25 ℃ の漆室の中に

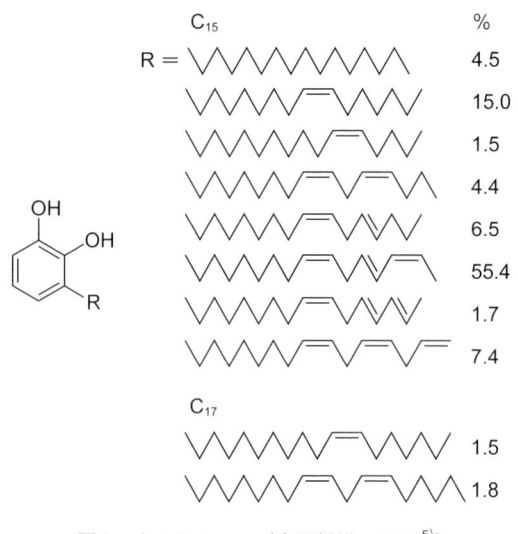

図1 ウルシオール(宮腰哲雄,2007[5])

　置くと,酵素ラッカーゼによる酸化がゆっくり進み,一晩ほどかかって指触乾燥する.その後さらに酸化が進み塗膜が乾燥,硬化する.
　漆の酸化重合反応の経路を図2に示す.ウルシオールのカテコール基が酵素ラッカーゼ(銅酵素)により空気酸化されてセミキノンラジカルになり,これが互いに結合してビフェニル体になる.これがさらに酸化されてジベンゾフラン類になる.またセミキノンラジカルは不均化してo-キノンになり,これがウルシオールの側鎖不飽和基と反応して芳香族－側鎖間等に結合ができ橋かけ,高分子化する.さらに側鎖不飽和基の空気中の酸素による自動酸化(酵素とは関係がない)で橋かけがさらに進み,漆塗膜は完全に硬化する.
　漆器といえば黒と朱が代表である.黒漆は生漆に鉄粉あるいは水酸化第一鉄の水溶液を混ぜて反応させる.これはウルシオールと鉄イオンのキレートによる発色である.漆は各種顔料を高い濃度で分散でき,朱だけではなく多様な色の工芸品が作られる.

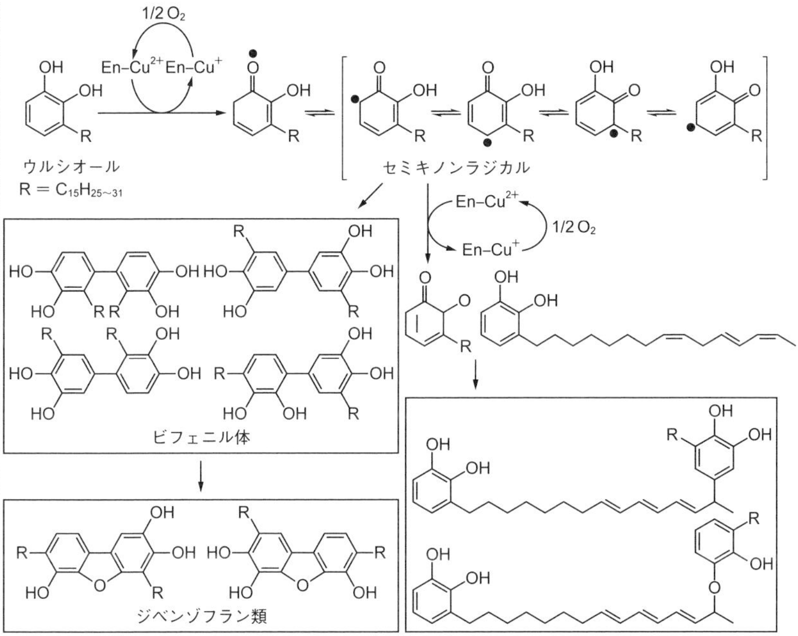

8.5 塗　料

図2　うるしの硬化の酵素反応（宮腰哲雄, 2007[5]）

第9章 界面活性剤と洗剤

界面活性剤の代表は石鹸である．その分子の特徴は，水になじむ親水基と水になじまず油になじむ疎水基（親油基）からなることである．疎水基は天然油脂の長鎖脂肪酸，または石油由来の長鎖アルキル基に基づく．親水基にはイオン性の基と非イオン性の基とがある．界面活性剤を水に溶かすと親水基，疎水基がそれぞれ集まってミセルを作る．このために界面活性が発現する．

9.1 界面活性

互いに混ざり合わない気体－液体，液体－液体，気体－固体，液体－固体のような境界面（界面，表面）の状態は，それぞれの気体，液体，固体の内部とは異なっている．たとえば水と空気の界面では，水分子の間の水素結合がない．そのため水の表面は結合の余力を持ち，表面にある分子は内方に引かれる力を受ける．この力が表面張力である．その結果水はその表面をできるだけ収縮しようとする傾向を持つ．水滴や泡が球状に近くなるのはそのためである．

界面活性とは，二つの相の界面に或る物質が存在すると表面張力を低下させる現象のことである．一般には，水に溶けてその表面張力を低下させる物質を界面活性剤または表面活性剤という．界面活性剤の代表は石鹸である．石鹸は紀元前から使われていたが，1830年代に油脂を硫酸化したものが染色助剤として製造されるようになり，合成界面活性剤の歴史が始まった．界

面活性剤の原料は当初はもっぱら天然の油脂であったが，石油化学の発展とともに石油を原料として界面活性剤が作られるようになり，現在はこの両方の系統で製造が行われている．

9.2 界面活性剤

界面活性剤の分子の基本的な特徴は，水になじむ構造部分すなわち親水基と，水になじまず油になじむ構造部分すなわち疎水基（親油基）からなることである．このような物質を両親媒性物質という（図9.1）．

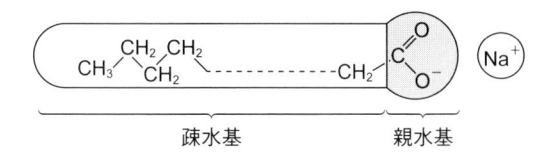

図9.1 典型的な界面活性剤分子の形

疎水基は一般に炭化水素基であり，長い脂肪族鎖はその代表である．親水基にはイオン性の基と非イオン性の基とがある（表9.1）．界面活性剤は親水基の構造によって表9.2のように分類される．

表9.1 界面活性剤の疎水基と親水基

疎 水 基	親 水 基		
フェニル基	$-OSO_3^-$	$-COOH$	$-(CH_2-CH_2-O)_n-$
アルキルフェニル基	$-CO_2^-$	$-OH$	$H_2C\text{-}O\text{-}CH\text{-}CH_2\text{-}O-$
ナフチル基	$-SO_3^-$	$-O-$	$HO-HC\quad CH-OH$
アルキル基	$-N^+-$		CH
アルケニル基			OH

表 9.2　界面活性剤の分類

界面活性剤	イオン性界面活性剤	陰イオン性界面活性剤
		陽イオン性界面活性剤
		両性界面活性剤
	非イオン性界面活性剤	
	高分子界面活性剤	

9.3　界面活性剤の分子の集合

　少量の界面活性剤を水に溶かすと，疎水基と水との反発が大きいので水と空気（あるいは油）との界面で分子は親水基が水中，疎水基が空気（あるいは油）の中にあるように配列する（図 9.2）．

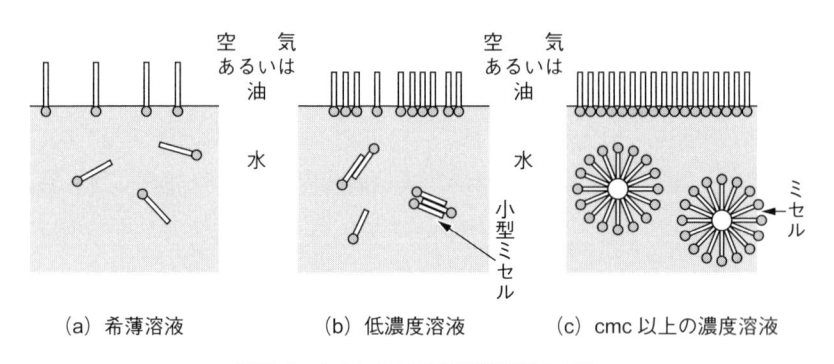

　(a) 希薄溶液　　(b) 低濃度溶液　　(c) cmc 以上の濃度溶液

図 9.2　水中における界面活性剤の状態

　或る濃度以上になると，界面への配列が飽和され，水中の分子は，水と疎水基の反発を少なくするため，それ自身が数個から 10 数個集まり，親水基を外側，疎水基を内側に向ける．この集合体は外側に親水基があるので水中に安定に分散する．このような分子集合体をミセルと呼び，ミセルができ始める濃度を臨界ミセル濃度（critical micelle concentration; cmc）という．一般に cmc は 0.001〜0.5 ％ 程度である．

9.3 界面活性剤の分子の集合

ミセルの形や大きさは分子の形や濃度によって変化する．代表的なミセルの形を図9.3に示す．一般にcmcの低いものはミセルは大きく，疎水基の大きいものは大きい．極性基間の反発が少なく，疎水基が立体的に込み合わないほうが分子が集合しやすいので，イオン性よりも非イオン性のほうが，分枝炭化水素基よりも直鎖炭化水素基のほうが，大きいミセルを作り，cmcは低い．

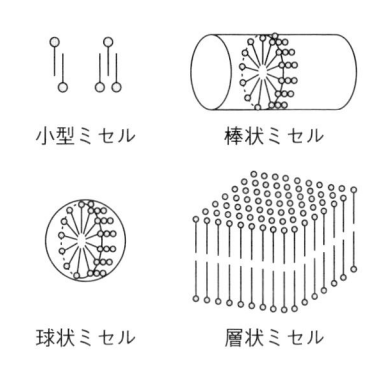

小型ミセル　　棒状ミセル

球状ミセル　　層状ミセル

図9.3　典型的なミセルの形

　界面活性剤の水溶液の性質はcmcを境に大きく変化する（図9.4）．石鹸に必要な性質はcmc以上で現れる．

　イオン性界面活性剤は或る温度で急に溶解度が高くなる．この温度をクラフト点（Krafft point）という．クラフト点以下の温度ではほとんど水に溶けないので界面活性を示さない．ミセルの会合数はクラフト点以上ではほとん

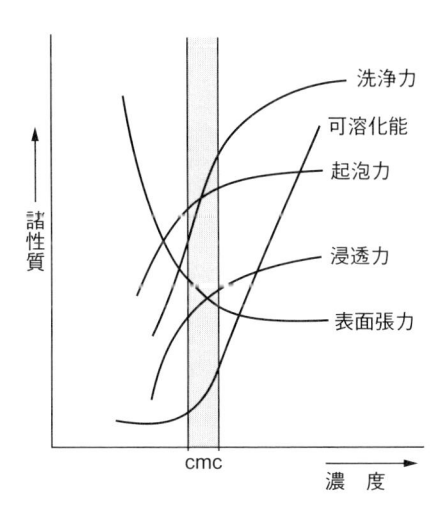

図9.4　界面活性剤水溶液の濃度による諸性質の変化

ど変わらない.一方,非イオン性界面活性剤では温度が上昇すると水との水素結合が切れてミセル会合数が増大し,水溶性が低下し,或る温度で濁り始める.この温度を曇り点という.イオン性界面活性剤はクラフト点以上の温度で,非イオン性界面活性剤は曇り点以下の温度で使用する.

界面活性剤の作用は分子中の親水基と疎水基の割合によって大きく変化する.この指標として親水親油バランス(hydrophilic-lipophilic balance; HLB)がある.HLB 値はその分子の構造や多くの実験から算出することができる.提出されたいくつかの式を挙げる(式9.1〜9.3).

$$HLB = 20\left\{1-\frac{S}{A}\right\}$$
S はエステルのけん化価,A は脂肪酸の酸価 (式 9.1)

$$HLB = 20 \times (親水基の重量\%)$$ (式 9.2)

$$HLB = 7 + \Sigma(親水基の基数) - \Sigma(疎水基の基数)$$ (式 9.3)

表 9.3 HLB 値(藤田 力,1999[3])

界面活性剤	HLB
硫酸ドデシルナトリウム	約 40
オレイン酸ナトリウム	18.0
ドデシルアルコール EO 23 モル付加物	16.9
ノニルフェノール EO 20 モル付加物	16.0
ソルビタンモノオレート EO 20 モル付加物	15.0
ノニルフェノール EO 12 モル付加物	14.1
ソルビタンモノラウレート EO 20 モル付加物	13.3
ポリエチレングリコール(EO 10 モル)モノラウレート	13.1
ポリエチレングリコール(EO 10 モル)モノオレート	11.8
ラウリルアルコール EO 5 モル付加物	10.8
ノニルフェノール EO 4 モル付加物	8.9
ソルビタンモノラウレート	8.6
ソルビタンモノステアレート	4.7
ソルビタンモノオレート	4.3

EO:エチレンオキシド

特にポリオキシエチレン系非イオン性界面活性剤では親水／疎水基の割合を段階的に変化させることができるので，HLBの利用価値が高い．代表的な界面活性剤のHLBと用途との関係を表9.3，表9.4に示す．

表9.4 HLBと用途(藤田 力, 1999[3])

用　途	HLB
可溶化作用	15～18
洗浄作用	13～15
乳化作用 (O/W型*)	8～18
浸透作用	7～9
乳化作用 (W/O型*)	3～6
消泡作用	1～3

＊ 図9.6 (p.134) 参照

9.4 界面活性剤の製造

界面活性剤の製造は，天然油脂を原料とする系統と石油化学製品を原料とする系統に分けられる．代表的な界面活性剤の製造系統のあらましを図9.5に示す．

疎水基は天然油脂の長鎖脂肪酸，または石油由来の長鎖アルカンや芳香族化合物に基づき，親水基はスルホン化，硫酸化，アンモニウム化やエチレンオキシドの付加によって導入される．

9.4.1 陰イオン性界面活性剤

アニオン性界面活性剤とも呼ばれ，洗浄作用，発泡作用が強く洗剤として多く用いられ，日常生活で一番なじみの深い界面活性剤である．アニオン性の親水基としては，カルボン酸塩，スルホン酸塩，硫酸エステル塩，リン酸エステル塩が主なものである．親水基，その対イオンや疎水基を選ぶことによって，洗浄，乳化，浸透，分散，可溶化，起泡，帯電防止などの作用を持つ界面活性剤が合成できる．

1) 高級脂肪酸塩

石鹸は最も古くから知られている陰イオン性界面活性剤で，その主成分は高級脂肪酸の塩，一般にナトリウム塩である．脂肪酸は弱酸なので水溶液はアルカリ性になる．カルシウムやマグネシウムのイオンを含む硬水では不溶

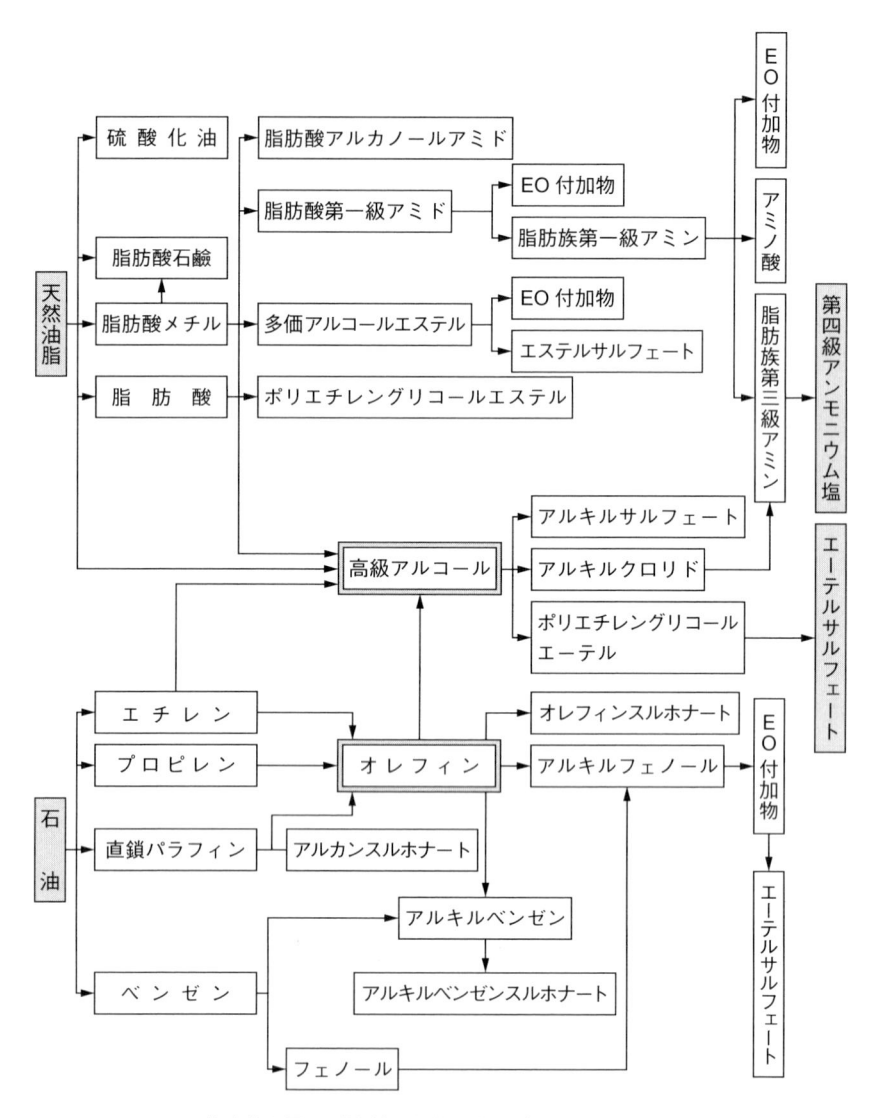

図 9.5 代表的な界面活性剤の製造関連図（EO：エチレンオキシド）
（大城芳樹, 1993[1])）

性の塩を作り，洗浄作用や発泡作用を示さなくなる．

　石鹸は主に油脂（トリグリセリド）を水酸化ナトリウム（苛性ソーダ）と反応させる方法（けん化）によって製造される（式9.4）．

$$\begin{array}{l} R^1COOCH_2 \\ | \\ R^2COOCH \\ | \\ R^3COOCH_2 \end{array} + 3\,NaOH \longrightarrow \begin{array}{l} R^1COONa \\ R^2COONa \\ R^3COONa \end{array} + \begin{array}{l} CH_2OH \\ | \\ CHOH \\ | \\ CH_2OH \end{array} \quad (式9.4)$$

原料油としては主に牛脂，豚脂，やし油，亜麻仁油が用いられる．目的に応じてこれらを適当に混合する．ほかに水と反応させて得られる脂肪酸を水酸化ナトリウムで中和する方法，メタノールと反応させてメチルエステルとし（エステル交換）その後けん化する方法もある．同時に生成するグリセリンを精製するにはエステル交換法がよい．けん化の生成物には酸化防止剤，着色料，香料などを添加し成形する．洗濯石鹸の場合には耐硬水剤として炭酸ナトリウム，ケイ酸ナトリウム，ポリリン酸などを，薬用石鹸には消毒剤を加える．

2）スルホン酸塩

　合成界面活性剤の代表であり，衣料用，家庭用，工業用洗浄剤に基材として広く使われている．アルキルベンゼンから合成されるもの（ABS：alkylbenzene sulfonate）とα-オレフィンから合成されるもの（AOS：α-olefin sulfonate）とがある．

　ABSはベンゼンとオレフィンをフリーデル-クラフツ反応をさせてアルキルベンゼンとし，これをSO$_3$や発煙硫酸でスルホン化し，中和して作る（式9.5）．

$$R-CH=CH_2 + \bigcirc \longrightarrow R-\underset{\underset{CH_3}{|}}{CH}-\bigcirc \xrightarrow{\text{1) SO}_3}_{\text{2) NaOH}} R-\underset{\underset{CH_3}{|}}{CH}-\bigcirc-SO_3Na$$

（式9.5）

アルキル基としては，かつては安価に大量生産できるプロピレン四量体が使われていたが，使用後排水中で生分解されにくく河川の発泡による汚濁などの原因となるため，現在では生分解性の高い直鎖アルキル基が用いられている（ソフト型，または LAS：linear alkylbenzene sulfonate）．直鎖アルキル基は長鎖アルケンや長鎖クロロアルカンから導く．

AOSはα-オレフィンをスルホン化したあと中和して製造される（式9.6）．

$$R-CH_2-CH=CH_2 \xrightarrow{SO_3} \xrightarrow{NaOH} R-CH=CHCH_2SO_3Na + R\underset{OH}{CHCH_2CH_2SO_3Na} \quad (式9.6)$$
$$\underbrace{\qquad}_{AOS}$$

洗浄性，生分解性に優れ家庭用洗剤として用いられる．

3）硫酸エステル塩

硫酸アルキル塩（AS）と硫酸アルキルポリオキシエチレンエーテル塩（AES）とがある．ASは高級アルコールをSO_3，クロロスルホン酸，濃硫酸などと反応させ，硫酸エステルとしたあと中和するか，α-オレフィンに硫酸を付加させたあと中和して製造される（式9.7，9.8）．

$$R-OH \xrightarrow{H_2SO_4} R-O-SO_3H \xrightarrow{NaOH} R-O-SO_3Na \quad (式9.7)$$

$$R-CH=CH_2 \xrightarrow{H_2SO_4} R-\underset{OSO_3H}{CH}-CH_3 \xrightarrow{NaOH} R-\underset{OSO_3Na}{CH}-CH_3 \quad (式9.8)$$

乳化剤，分散剤，起泡剤，洗浄剤として用いられる．アルキル基がC_{12}のドデシル硫酸塩は，歯磨き用発泡剤，シャンプー，毛糸用洗剤に用いられる．

AESは，高級アルコールにエチレンオキシドを2～4モル付加させて得られるポリオキシエチレンアルキルエーテルの末端水酸基を硫酸エステルとすることにより製造される（式9.9）．

$$R-OH + n\,CH_2-CH_2 \xrightarrow{} R-O(C_2H_4O)_nH \xrightarrow{SO_3}$$
$$R-O(C_2H_4O)_nSO_3H \xrightarrow{NaOH} R-O(C_2H_4O)_nSO_3Na \qquad (式9.9)$$

非イオン性の親水基を持ち，皮膚刺激性，低温安定性，耐硬水性に優れ，シャンプーなどに使われる．

4）その他

モノアルキルリン酸塩（9.1）は，高級アルコールまたはそのエチレンオキシド付加物をリン酸，五酸化リン，オキシ三塩化リンなどと反応させた後，中和して製造される．

皮膚への刺激性が少ないのでボディーシャンプー，洗顔料として用いられる．また帯電防止剤にも使われる．

R—O—P(=O)(ONa)(ONa)　　RO(C₂H₄O)ₙ—O—P(=O)(ONa)(ONa)

9.1　モノアルキルリン酸塩

9.4.2　陽イオン性界面活性剤

カチオン性界面活性剤とも呼ばれる．親水基が陽イオンになっていて，水中では表面が負に帯電している物質が多いのでこれに吸着しやすい．洗浄作用はほとんどないが，衣類の帯電防止剤，柔軟剤，ヘアリンス，殺菌剤，消毒剤として用いられる．

構造は第四級アンモニウム塩型が一般的で，第三級アミンのアルキル化によって合成されるテトラアルキルアンモニウム塩型が代表である（式9.10〜9.12）．

$$RN(CH_3)_2 + CH_3X \longrightarrow RN^+(CH_3)_3X^- \qquad (式9.10)$$

R＝$C_{12}H_{25}$ など　　　帯電防止剤，ヘアリンス

$$R_2NCH_3 + CH_3X \longrightarrow R_2\overset{+}{N}(CH_3)_2X^- \qquad (式9.11)$$

衣料柔軟剤

$$RN(CH_3)_2 + \underset{}{\bigcirc}-CH_2X \longrightarrow \underset{}{\bigcirc}-CH_2\overset{+}{N}R(CH_3)_2X^- \qquad (式9.12)$$

殺菌剤

また，親水基としてポリエチレンオキシ鎖を含むものもある（式9.13）．

$$RNH_2 + (n+m)CH_2-CH_2 \longrightarrow RN\begin{smallmatrix}(CH_2CH_2O)_mH\\(CH_2CH_2O)_nH\end{smallmatrix} \xrightarrow{R'X}$$

$$\begin{smallmatrix}R\\R'\end{smallmatrix}\overset{+}{N}\begin{smallmatrix}(CH_2CH_2O)_mH\\(CH_2CH_2O)_nH\end{smallmatrix} \cdot X^- \qquad (式9.13)$$

柔軟剤

ピリジニウム塩型はピリジンの四級化によって合成される（式9.14）．

$$\underset{}{\bigcirc}N + RX \longrightarrow \underset{}{\bigcirc}N^+-R \cdot X^- \qquad (式9.14)$$

殺菌剤

高級脂肪酸アミドとホルムアルデヒドを用いピリジンを四級化したものは，アミド結合が繊維の撥水剤としての機能をもたらす（式9.15）．

$$RCONH_2 + CH_2O + \underset{}{\bigcirc}N \cdot HCl \longrightarrow RCONHCH_2-\overset{+}{N}\underset{}{\bigcirc} \cdot Cl^- \qquad (式9.15)$$

9.4.3 両性界面活性剤

分子中に陽イオン基と陰イオン基を合わせて持ち，酸性では陽イオン性界面活性剤として，アルカリ性では陰イオン性界面活性剤としての作用を示すものを両性界面活性剤という（例：式9.16）．

9.4 界面活性剤の製造

$$\underset{\underset{CH_3}{|}}{\overset{\overset{CH_3}{|}}{R-N^+-CH_2COO^-Na^+}} \xrightarrow[NaOH]{アルカリ性} \underset{\underset{CH_3}{|}}{\overset{\overset{CH_3}{|}}{R-N^+-CH_2COO^-}} \xrightarrow[HCl]{酸性} \left(\underset{\underset{CH_3}{|}}{\overset{\overset{CH_3}{|}}{R-N^+-CH_2COOH}}\right)Cl^-$$

(式 9.16)

広い pH 範囲で界面活性剤となり,化粧品,殺菌・消毒剤,繊維処理剤などの用途がある.

代表的な両性界面活性剤としてはベタイン型とアミノ酸型がある.ベタインとは上の式 9.16 に示したような,分子内にカルボキシラート陰イオンと第四級アンモニウム陽イオンの両方を持つ化合物で,アルキル基が大きいと界面活性剤になる.ベタイン型両性界面活性剤は,アルキルジメチルアミンとクロロ酢酸から合成される(式 9.17).

$$RN(CH_3)_2 + ClCH_2COOH \longrightarrow [\overset{+}{RN}(CH_3)_2(CH_2COO^-)] \quad (式 9.17)$$

アルキル基が炭素数 12 のものは刺激性がないのでシャンプーなどの起泡剤として,炭素数 18 のものは柔軟性を与え帯電防止作用があるので繊維柔軟剤やヘアトリートメントに用いられる.

アミンにエチレンオキシドを付加させ,ついでモノクロロ酢酸で四級化したベタイン(**9.2**)は帯電防止剤などとしての用途がある.

第四級化イミダゾール構造を持つ **9.3** はベビー用シャンプー,繊維の柔軟仕上げ剤,帯電防止剤となる.

9.2 アルキルジヒドロキシエチルベタイン　　**9.3** アルキルイミダゾリニウムベタイン

アミノ酸型の両性界面活性剤は,アミンとアクリル酸メチル,アクリロニトリルまたはクロロ酢酸との反応で合成され,殺菌剤,帯電防止剤などに用

いられる（式9.18, 9.19）．

$$RNH_2 + CH_2=CH-COOCH_3 \longrightarrow \longrightarrow RNH(CH_2)_2COOH \quad （式9.18）$$

$$RNH_2 + ClCH_2COONa \longrightarrow RNHCH_2COONa \xrightarrow{ClCH_2COONa} RN(CH_2COONa)_2$$
（式9.19）

$$\begin{array}{l} CH_2OOCR \\ | \\ CHOOCR' \\ | \\ CH_2O-P(O)(CH_2)_2\overset{+}{N}(CH_3)_3 \\ | \\ O^- \end{array}$$

9.4 レシチン

なお，天然の両性界面活性剤には卵黄のレシチン（リン脂質の一種；9.4）が知られており，マヨネーズ製造の乳化剤として用いられる．

9.4.4 非イオン性界面活性剤

非イオン性界面活性剤は親水基がイオンに解離しない界面活性剤である．非イオン性親水基の代表は，エチレンオキシドから導かれるポリ（オキシエチレン）基 $(CH_2CH_2O)_x$ である．これに結合する疎水性基のアルキル基の長さを増減させることにより，任意の親水－疎水バランス（HLB）を持つ界面活性剤を作ることができる．もう一つは多価アルコール型で，多糖類も多価アルコールとして用いられる．

1）ポリオキシエチレン型非イオン性界面活性剤

代表的なものは高級アルコール（C_{12}〜C_{18}）やアルキルフェノールにエチレンオキシドを付加させたもので，目的に応じて付加モル数（オキシエチレン単位の数）が調節される（式9.20, 9.21）．

$$R-OH + n\,CH_2\underset{O}{-}CH_2 \longrightarrow R-O(C_2H_4O)_nH \quad （式9.20）$$

$$R-\!\!\!\left\langle\!\!\bigcirc\!\!\right\rangle\!\!-OH + n\,CH_2\underset{O}{-}CH_2 \longrightarrow R-\!\!\!\left\langle\!\!\bigcirc\!\!\right\rangle\!\!-O(C_2H_4O)_nH \quad （式9.21）$$

反応は水酸化ナトリウムあるいは水酸化カリウムを触媒として150〜

180 ℃ で行う．生成物のオキシエチレン単位の数には分布がある．

ポリオキシエチレンアルキルエーテルは医薬品，化粧品，乳化剤に用いられ，また油汚れの洗浄力，生分解性に優れ，洗浄剤として多く用いられる．ポリオキシエチレンアルキルフェニルエーテルは石油化学原料のみから合成される．分枝アルキル基は生分解性に劣るので，C_8，C_9，C_{12} の直鎖アルキルフェノールが用いられる．

高級カルボン酸とエチレンオキシドまたはエチレングリコールを反応させると，エステル結合を含むものが得られる．

2）多価アルコール型非イオン性界面活性剤

代表的なものとしては多価アルコールのモノおよびジエステルや，それらのエチレンオキシド付加物などがある．多価アルコールとしてはグリセリン，ペンタエリトリット，ソルビタン（ソルビトールの分子内脱水物），ショ糖などが用いられる（9.5，9.6）．

9.5 多価アルコール

9.6 ソルビタンの生成

グリセリンやペンタエリトリットの高級脂肪酸エステルは，水酸化ナトリウムを触媒としてエステル交換を行い合成する．多価アルコールの高級脂肪酸エステルは乳化剤として重要である．グリセリン，ショ糖，ソルビタンのエステルは食品添加物として使われる．ソルビタンエステルはスパン（span）と呼ばれ，ソルビトールと脂肪酸を水酸化ナトリウムを触媒として220～250℃に加熱すると，ソルビトールが分子内で脱水してソルビタンになり，これがエステル化する．またそのエチレンオキシド付加物はツィーン（Tween）という名で知られている．

　グルコースと高級アルコールから合成されるアルキルポリグリコシド（9.7）は，手あれが少ない台所用洗剤として使用される．

$$ROH + \text{グルコース} \xrightarrow{\text{酸触媒}} \text{アルキルポリグリコシド}$$

9.7　アルキルポリグリコシドの合成

　またショ糖と高級脂肪酸のメチルエステルのエステル交換反応で合成されるショ糖エステルは，食品用界面活性剤として重要である．

　ジエタノールアミンと高級脂肪酸からのアミド（9.8）や，ジエタノールアミンの高級脂肪酸エステルにエチレンオキシドを付加させたもの（9.9）は，起泡剤として台所用洗剤やシャンプーに配合されている．

$$RCON(CH_2CH_2OH)_2$$

9.8　脂肪酸ジエタノールアミド

$$RCO(OCH_2CH_2)_n NH(CH_2CH_2O)_m H$$
$$RCO(OCH_2CH_2)_x N(CH_2CH_2O)_y H$$
$$| \\ (CH_2CH_2O)_z H$$

9.9　ジエタノールアミン脂肪酸エステルのエチレンオキシド付加物

9.4.5 特殊界面活性剤

界面活性剤の疎水基には一般に炭化水素基が用いられるが,特に疎水性の高い基としてフルオロカーボン基とシリコーン基がある.

界面活性剤の疎水基としてフルオロカーボン鎖を用いると,表面張力を著しく低下させ,cmcが小さくなり,消泡性,低摩擦性,撥水性などが発現する.その特性を生かして消火剤,撥水剤,フッ素樹脂合成時の重合用乳化剤,潤滑剤などに利用される (9.10).

$$C_8F_{17}SO_3Na \qquad C_8F_{17}NH(C_2H_4O)_nH$$

9.10 フッ素系界面活性剤

ポリシロキサン鎖を疎水基とする界面活性剤はフッ素系についで表面張力低下能が大きく,離型剤,消泡剤,潤滑剤,表面処理剤などに利用される.一例を挙げる (9.11).

$$(CH_3)_3Si-\left[O-\underset{\underset{CH_3}{|}}{\overset{\overset{CH_3}{|}}{Si}}\right]_n-(CH_2)_3-O(C_2H_4O)_mH$$

9.11 シリコーン系界面活性剤

9.4.6 高分子界面活性剤

高分子,すなわち巨大分子が分子内に親水基と疎水基の両方を持つものは,分子1個がミセルを形成することができ,界面活性を示し,ポリソープ (polysoap) と呼ばれる.

高分子界面活性剤の中で最も多く用いられるのはエチレンオキシドとプロピレンオキシドのブロック共重合体で,非イオン界面活性剤として低起泡性洗剤,重合用乳化剤として用いられる.これはプルロニック型 (pluronic) と呼ばれ,エチレンオキシドからくるポリオキシエチレン鎖が親水基で,プ

ロピレンオキシドに由来するブロック鎖が疎水基である (**9.12**).

$$\mathrm{HO(C_2H_4O)}_x-\mathrm{(CH_2CHO)}_y\mathrm{(C_2H_4O)}_z\mathrm{H}$$
$$|$$
$$\mathrm{CH_3}$$

　　親水基　　　疎水基　　　親水基

9.12　エチレンオキシド－プロピレンオキシド
　　　　ブロック共重合体

ポリビニルアルコール (**9.13**) は乳化重合や懸濁重合の分散剤や土壌改良剤に，ポリアクリルアミド (**9.14**) は凝集剤として利用される．

9.13　ポリビニルアルコール
　　　（重合用乳化剤，土壌改良剤）

9.14　ポリアクリルアミド
　　　（凝集剤）

陰イオンを持つ高分子界面活性剤は主に分散剤として用いられる．ポリアクリル酸ナトリウム (**9.15**)，カルボキシメチルセルロース塩 (**9.16**) などがある．陽イオン性界面活性剤の例にはポリビニルピリジニウム塩 (**9.17**) などがあり，ポリソープとして用いられる．

9.15　ポリアクリル酸
　　　ナトリウム
　　　（顔料分散剤）

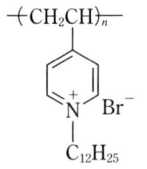

9.16　カルボキシメチル
　　　セルロース塩

9.17　ポリビニル
　　　ピリジニウム塩

9.5 界面活性剤の用途

これまでの種々のタイプの界面活性剤の説明に出てきたように，界面活性剤にはそのさまざまの特性を生かして実に多様な用途がある．ここでは界面活性剤にとって代表的な用途といえる洗剤（洗浄剤）を中心に，その働きと界面活性剤分子の振る舞いについて考える．

9.5.1 洗剤と洗浄

洗浄とは衣類，身体，食器等々の固体表面からその汚れを取り除くことである．まず衣服の洗浄について考える．ここでは洗剤に多くの作用が要求される．

1. まず洗剤の水溶液が布をぬらし，浸み込む．この湿潤，浸透の作用には水の表面張力を下げる必要がある．
2. 洗剤は汚れに吸着し，乳化，分散させ，汚れを布から脱離させる．
3. 脱離した汚れの粒子を分散し，乳化状態を安定化させ，布への再付着を防止する．

洗剤にはその機能を向上させるために洗浄補助剤，ビルダー（builder）が配合される．その作用には，水中のカルシウム分やマグネシウム分を捕捉すること，汚れを再付着しないように分散させることなどがある．かつては代表的なビルダーとしてトリポリリン酸ナトリウムが使われたが，排水中のリンによる湖沼の富栄養化，汚染が問題になり，現在は微粉化したゼオライトが用いられている．

乳化は，本来混ざり合わない水と油で，その一方が細かい粒となって他方の中に分散している状態のことで，これを乳濁液，またはエマルション（emulsion）という．ミルク（乳）は油の微粒が水に懸濁したものである．洗濯によって布から離された油汚れの粒は界面活性剤の作るミセルの中に取り込まれて乳化，分散される（図 9.6）．

水中油滴型（O/W 型）
エマルション

油中水滴型（W/O 型）
エマルション

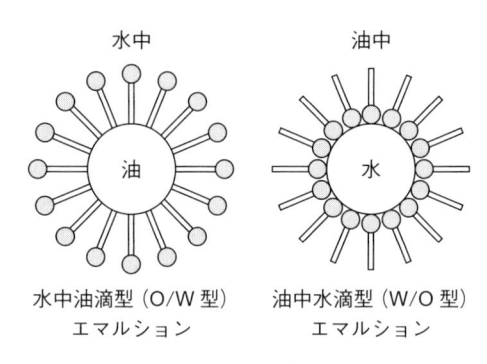

図 9.6　乳化

　再付着防止剤としてはカルボキシメチルセルロースやポリエチレングリコールが用いられる．衣料用の洗剤にはタンパク質汚れを分解するプロテアーゼ，油脂汚れを分解するリパーゼのような酵素を添加したものもある．こうした作用が総合して起こるのが洗浄である．

9.5.2　柔軟剤，帯電防止剤

　衣類の洗濯や洗髪の際に使われる柔軟剤は，図 9.7 のようにこれらの表面に界面活性剤の親水基が吸着し，疎水基を外に出すことにより表面の摩擦を減少させ，軟らかい手触り感を与えるものである．

　合成繊維の衣類などに見られる摩擦による静電気の発生を防ぐのに使われる帯電防止剤は，分子が疎水基を内側にして配列し，外側の親水基に水分子を吸着して導電性を良くするものである（図 9.8）．

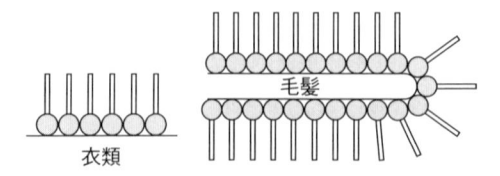

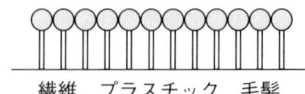

図 9.7　柔軟剤

図 9.8　帯電防止剤

9.5.3 食品分野の用途

　界面活性剤はアイスクリーム，バターなどの乳製品の製造に欠かせない存在である．マヨネーズやアイスクリームは図 9.6 左のように水の中に油が乳化した水中油滴型（oil in water；O/W）エマルションである．一方，油の中に水を乳化させた油中水滴型（water in oil；W/O）エマルション（図 9.6 右）もあり，マーガリン（植物油を加工してバター状にしたもの）がこれに相当する．

　食品製造で乳化剤に用いられる界面活性剤は，グリセリン脂肪酸エステル，ショ糖脂肪酸エステルなどの非イオン性界面活性剤である．

第10章　香料と化粧品

　香りは鼻の中の嗅細胞にある受容体によって香り物質が受容されることが引き金となって感じられる．一般的にはその物質の特定の官能基というよりは分子全体の形が香りを決めるといえる．天然の香料の中にはテルペノイドという特徴のある一群があり，その関連物質から，また全く関係のない石油・石炭化学原料から，多くの合成香料が作り出されてきた．香料が重要な役割を果たす化粧品についても触れる．

　味と香りは五感（視，聴，味，嗅，触）の中でも物質によって引き起こされる感覚で，化学感覚と呼ばれる．味と香りにかかわる物質は食物の重要な要素であり，本来は動物が食べてよいものとそうでないものとを見分けるための手段であると考えられる．味物質の大部分は，人工甘味料を除いて，生物の生産する物質であり，ふつう有機工業製品には含まれない．香り物質には植物，動物から取るものと合成するものとがあり，これらは有機工業化学の対象となっている．

10.1　化学感覚の仕組み

　味と香りを感じる仕組みは共通している．味覚は口の中の味細胞によって，香り（匂い，臭い）は鼻の中の嗅細胞によって感知される．これらの感覚細胞で味や香りの刺激が感知される機構を図10.1に模式的に示した．
　感覚細胞の膜には味物質，香り物質の受容体（タンパク質）があり，これ

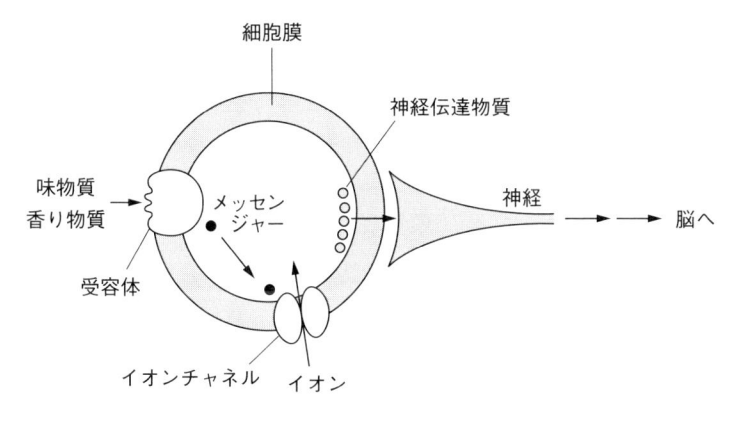

図10.1 感覚細胞における刺激伝達の機構

に物質が受容されると細胞の内側で刺激を伝えるメッセンジャー物質ができ，これが膜の別の場所にあるイオンチャネル（channel：水路）に作用してそれを開き，細胞の外からイオン（ナトリウムイオンやカルシウムイオン）が流入する．これが引き金になって細胞から神経の末端に向かって伝達物質が放出される．そうすると神経に電気信号が発生し，これがいくつかの中継点を経て脳に至り，味，香りとして感じられる．

10.2 香りは分類できるか

　味の基本は甘味，酸味，塩味，苦味，旨味の五つであるとされている．一方，香り（臭い）を味の場合のようにいくつかの基本香（臭）に分ける試みも行われてきた．たとえば，大別して花の香り，果実の香り，樹脂の匂い，スパイスの匂い，焦げくさい臭い，腐った臭いの6種類を基本香とし，どんな匂いもこの組み合わせで表現できると考えた人がいる．しかしもっと多く，何十もの匂いを表す言葉の提案もある．実際のところこのような分類は難しく，匂いの間の変化は連続的なものと考えられている．

10.3 香りは化学構造と関係があるか

一般的にいえば，香りと化学構造をうまく関連付けることは難しい．

まず，かなり構造が違っても同様の香りを持つものの例には，麝香(ムスク)の匂いのする物質がある(図10.2)．これらのうちムスコンとシベトンは天然麝香の成分である．このような15～17員環の化合物は環の中のケト基がエーテル，アミン，スルフィドなどに変わったものでも麝香の香りを持ち，構造と香りの相関を示唆する．しかし図10.2に示した合成物は構造が全く異なっているのに同様の香りを持つ．

天然麝香の成分

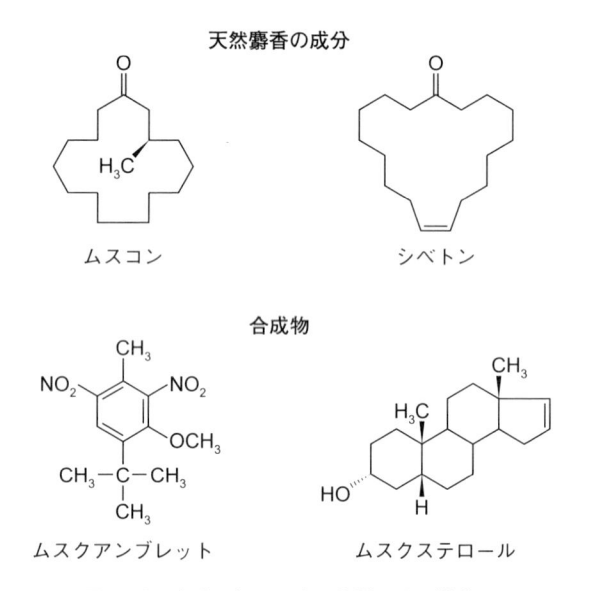

ムスコン　　　　　　　シベトン

合成物

ムスクアンブレット　　　ムスクステロール

図10.2　麝香の匂いのする物質の分子構造

匂いと構造の関係では，低分子量のエステルがどれも果実様の香りを持つことがあげられる．その香りの質はエステルのカルボン酸部分，アルコール部分の構造によって異なる(表10.1)．

10.3 香りは化学構造と関係があるか

表 10.1 C_6 鎖状エステルおよびベンジルエステルの構造とにおい（井上誠一, 1999[3]）

C_6 鎖状エステル：RCOOR′			ベンジルエステル：RCOOCH$_2$C$_6$H$_5$	
R	R′	におい	R	におい
CH$_3$	(CH$_2$)$_3$CH$_3$	軽やかな果実臭	H	ジャスミン香
CH$_3$	CH$_2$CH(CH$_3$)$_2$	果実臭	CH$_3$	強いジャスミン香
CH$_3$CH$_2$	CH$_2$CH$_2$CH$_3$	軽やかな果実臭	CH$_3$CH$_2$	快い果実ないしジャスミン香
CH$_3$CH$_2$	CH(CH$_3$)$_2$	甘い果実臭		
CH$_3$CH$_2$CH$_2$	CH$_2$CH$_3$	花香様果実臭	CH$_3$CH$_2$CH$_2$	甘いピーチ風味の弱いジャスミン香
(CH$_3$)$_2$CH	CH$_2$CH$_3$	軽やかな果実臭	(CH$_3$)$_2$CH	新鮮で優れたジャスミン香
CH$_3$(CH$_2$)$_3$	CH$_3$	グリーン調果実臭		
(CH$_3$)$_2$CHCH$_2$	CH$_3$	グリーン調果実臭	(CH$_3$)$_2$CHCH$_2$	アップル風味のジャスミン・ローズ香

　構造のもっと微妙な違いが香りを支配する例に，立体異性体がある．ハッカの香気成分である$(-)$-メントールには3個の不斉炭素があり，全部で8種のジアステレオマーがある．それらは図10.3のように置換基の相対配置によりメントール，ネオメントール，イソメントール，ネオイソメントールと呼ばれ，それぞれに光学対掌体がある．これらの中でハッカ特有の冷涼な香気を持つのはl-メントール（$(-)$-$(1R,3R,4S)$-メントール）だけで，他の異性体は別の香りを持つ．

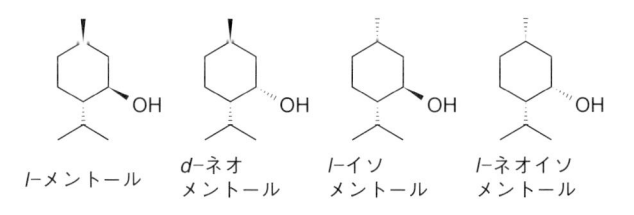

図10.3　メントールの立体異性体

グレープフルーツに特有の香りの成分であるヌートカトン (10.1) は, d-(+)-ヌートカトンがグレープフルーツ香を持つのに対し, (−) 体は香気が非常に弱い. 幾何異性体については, 青葉の香りの成分である青葉アルコール ((Z)-3-ヘキサノール；10.2) の (E)-体は, 菊様の香りを持つ.

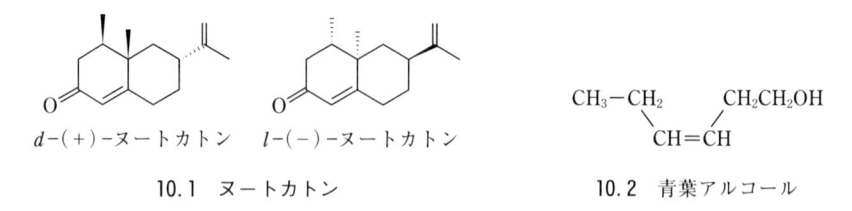

d-(+)-ヌートカトン　　l-(−)-ヌートカトン

10.1　ヌートカトン

10.2　青葉アルコール

10.4　香料の種類と用途

香料には植物, 動物に由来する天然香料と, 香料ではない天然物や石油化学原料から作る合成香料とがあるが, いずれも単独で使用することは少なく,

表 10.2　香料の分類とその用途（亀岡 弘, 1993[1)]）

香粧品用	芳香商品：香水, オーデコロンなど 基礎化粧品：クリーム, 化粧水, 乳液など 仕上げ化粧品：白粉, 口紅, 頬紅など 毛髪化粧品：洗髪料, ヘアートニック, チックなど 浴用品：石鹸, 芳香剤など
食品用	コーヒー, ジュース, アイスクリーム, キャンディー, 調味料, 香辛料などあらゆる食品 タバコ用, 医薬用
芳香剤	室内用, 自動車用など
家庭用	洗浄剤：粉石鹸など, 消臭剤：トイレ用, 殺虫剤：カ, ハエなど
工業用	工業用製品：合成ゴム, 樹脂, 塗料, インキなど
環境用	防臭剤：工業防臭用など
保安用	着臭剤：都市ガス, プロパンガス
生物用	飼料用：動物飼料に配合（魚類も含む） 誘引, 忌避用：害虫など

調合香料として使用される．香料の種類と用途を**表10.2**にまとめた．主なものは香粧品香料（fragrance）と食品香料（flavor）である．前者は香水，化粧品類，石鹸などに用いられ，後者は香りと味が一体になっていなければならない．

そのほか，家庭用，工業用香料としてはワックス，クリーナー，線香にも使われ，またガス漏れ防止のための不快臭を出す保安用香料もある．生物用には家畜の食欲増進のための飼料用フレーバーや魚の養殖に使うものもある．また悪臭防止のため塵芥，糞尿処理場，養鶏場などでも用いられる．

10.5 香料の製法

10.5.1 天然香料

天然香料には，植物の花，幹，果実などから採った植物性香料と，動物の分泌腺など特定の器官から採った動物性香料がある．天然原料から香料を得る方法には，大別して抽出法，蒸留法，圧搾法の三つがある．これらの方法で得られた油状物を精油という．精油は種々の香気物質を主体とする混合物である．

抽出法はヘキサン，石油エーテル，エタノールなどの溶剤を用いて精油成分を採取するもので，水蒸気蒸留法が適用できない場合や，精油含量が低い場合に用いられる．花の精油では，はじめ無極性溶剤で抽出して濃縮したものがワックス状のコンクリート（concrete）で，これからさらに香気成分をアルコールで抽出したものをアブソリュート（absolute）と呼ぶ．最近では超臨界状態の二酸化炭素による抽出も行われる．粘度が低く拡散係数が大きいので，抽出原料への浸透，拡散が容易なのが特徴である．

また，脂肪が花などの香気成分をよく吸収する性質を利用して，不揮発性溶剤である牛脂，豚脂を用いて花から香気成分を抽出する吸収法がある．花香成分を吸収した脂肪をポマード（pomade）と呼ぶ．これから香り成分を抽

出するとアブソリュートが得られる．

　水蒸気蒸留法は，植物を釜に入れ，水蒸気を吹き込んで加熱し，水と精油成分を共沸，留出させ，冷却して精油を分離する方法である．この方法は設備も操作も簡単であるが，熱で変化しやすいものや水溶性成分を多く含むものには向かない．

　圧搾法では精油含量の多い果実や果肉を圧搾して精油分を取り出す．現在は濃縮果汁の製造に用いられている．蒸留法,圧搾法で得られるもののうち，油溶性のものをオイル，水溶性のものをジュースと呼ぶ．

　上に述べた方法で得た精油は一般に多数の化合物の混合物である．これをそのまま香料として利用するほか，特定の成分を取り出して調合の素材として利用したり，他の香料化合物へと変換して利用することもある．これを単離香料という．単離には分留，晶析，抽出，化学処理などが行われる．

　表10.3にはいくつかの精油の主要成分を示す．

10.5.2　合 成 香 料

　合成香料には，天然香料の成分を分析し，その中で香りの鍵となる物質と同一の化合物を合成するものと，天然香料の成分には存在しないが香気が似た化合物を合成するものとがある．原料から見ると，天然精油から得た非香料化合物から合成するものと,精油とは無関係な石油，アセチレン，油脂，タール系物質などから合成するものとがある．

1）テルペン系化合物を原料とする合成

　香気物質の化学構造は多様であるが，その中でテルペン系化合物は特徴のある一群である．テルペン（テルペノイド，イソプレノイド）はイソプレン単位（イソプレン：C_5H_8：$CH_2=C(CH_3)-CH=CH_2$）が複数個結合した構造を持つ天然有機化合物である．

　イソプレン単位が2個のものをモノテルペン，3個のものをセスキテルペン，4個のものをジテルペンと呼んでいる．鎖状，単環状，双環状などの構

表 10.3 植物性および動物性香料 (亀岡 弘, 1993[1])

		種類	原料・製法	主産地	主要成分	主要用途
植物性香料	草本類	シトロネラ油	シトロネラ全草 水蒸気蒸留	ジャワ(インドネシア), セイロン(スリランカ)	ゲラニオール, シトロネラール, ボルネオール, ゲラニルエステル	単離用
		レモングラス油	Cymbopogon fleruosus, Cymbopogon citratus 水蒸気蒸留	インド, マダガスカル	シトラール (75〜80%)	合成香料, ビタミンA合成原料用
		ハッカ油	西洋ハッカ, 野生ハッカの葉, 花, 茎 水蒸気蒸留	スペイン, 日本	メントール, メントン, メントールエステル	調香用, 単離用, 医薬用, 食品用
		スペアミント油	Mentha viridis の全草 水蒸気蒸留	北アメリカ, イギリス	l-カルボン (60〜65%), リナロール, ジヒドロカルベオール, シネオール	食品用
		ゼラニウム油	ニオイテンジクアオイ, キクバテンジクアオイの葉 水蒸気蒸留	南フランス, ユニオン島(フランス領), 日本	ゲラニオール (40〜60%), シトロネロール	調香用
		オークモス油	ツノマタゴケ 溶剤抽出	イタリア, フランス	α-, β-ツヨン, evernic acid, barbatinic acid	調香用, 保留剤用
		ベチバー油	ベチバーの乾燥根 水蒸気蒸留	インド, セイロン	α-, β-ベチボン, ベチベノール, ベチベン	調香用
		ラベンダー油	ラベンダーの花 水蒸気蒸留	フランス, イギリス, ケニア, 日本	酢酸リナロール, リナロール, ゲラニオール, ラバンジュロール	調香用
		ハマナス油	ハマナスの花 溶剤抽出	日本(北海道)	ゲラニオール, シトロネロール	調香用, (国産のローズ油といわれるほど優雅な香り)

(つづく)

表10.3 つづき (1)

	種類	原料・製法	主産地	主要成分	主要用途
植物性香料 草本類	ジャスミン油	ジャスミンの花 溶剤抽出, 吸収法	フランス, エジプト	酢酸ベンジル (65％), d-リナロール, 酢酸リナリル, ベンジルアルコール, ジャスモン	香粧品用
	ローズ油	セイヨウバラ, コウスイバラの花 溶剤抽出, 吸収法	ブルガリア, 南フランス	シトロネロール (30～60％), ゲラニオール, ネロール, リナロール	香粧品用 (高級香料)
	アニス油	アニスの果実 水蒸気蒸留	ヨーロッパ, ロシア, 中近東	アネトール (50～90％), メチルチャビコール	食品用, 医薬用, 嗜好品用
植物性香料 樹木類	樟脳油	クスノキの葉, 枝, 幹, 根 水蒸気蒸留	日本, 台湾	ショウノウ (50％), サフロール, シネオール	香料合成用, 医薬用, 防虫剤用
	芳樟油	芳樟の葉, 枝, 幹, 根 水蒸気蒸留	台湾, 日本(四国)	リナロール (20％), ショウノウ (40％)	単離用
	白檀油	白檀の材, 根 水蒸気蒸留	インド, オーストラリア	α-, β-サンタロール (90％), サンテノン, サンテノン	香粧品, 調香用, 心材部は薫香用, 工芸材料用
	針葉油 テレピン油	マツ属, トウヒ属, モミ属, 松脂, 松根 水蒸気蒸留	北アメリカ, 日本	α-, β-ピネン	テルペン化学工業の基礎原料
	ユーカリ油	ユーカリの葉 水蒸気蒸留	オーストラリア	シネオール, テルペン化合物多数	薬用, 防虫剤用, 食品用
	丁字油	Eugenia caryo-phyllata の花蕾の乾燥物 水蒸気蒸留	ザンジバル島 (タンザニア), マダガスカル	オイゲノール (70～90％), 酢酸オイゲノール, カリオフィレン, メチル n-アミルケトン	調香用, 食品用, 医薬用, 刀剣類のさび止め, 丁字は医薬香辛料
	イランイラン油	イランイランの花 水蒸気蒸留	マダガスカル, フィリピン, レユニオン島(フランス領)	リナロール, ゲラニオール, オイゲノール, サフロール, 安息香酸メチル	調香用, 石鹸用

(つづく)

10.5 香料の製法

表10.3 つづき (2)

		種類	原料・製法	主産地	主要成分	主要用途
植物性香料	樹木類	橙花油	ダイダイの花 溶剤抽出，吸収法	南フランス，イタリア	リナロール，ゲラニオール，α-テルピネオール，ネロール	調香用（東洋風の香り）
		ベルガモット油	*Citrus bergamia* の果皮 圧搾法	南部イタリア，カラブリア地方（イタリア）	酢酸リナロール，リナロール，ベルガプテン	香粧品用，タバコ用，菓子用
		オレンジ油	スイートオレンジの果皮（スイートオレンジ油），ダイダイの果皮（ビターオレンジ油），圧搾法	アメリカ（カリフォルニア，フロリダ），地中海沿岸	d-リモネン (90%), シトラール，リナロール，デシルアルデヒド	食品用（特に清涼飲料用），香粧品用，薬用
		ペルーバルサム	*Myroxylon pereirae* の樹皮皮の切り口から浸出する樹脂を布片に吸収	エルサルバドル，ガテマラ	ネロリドール，ベンジルシンナメート，ベンジルベンゾエート	外用薬用，香粧品用
動物性香料		じゃ香（麝香，ムスク）	ジャコウジカ(musk)の雄の生殖腺囊の分泌物	チベット（中国）	ムスコン	高級調香品用，保留剤用
		霊猫香（シベット）	霊猫（ジャコウネコ）の雄，雌の尾部から分泌するペースト状物質	アフリカ（エチオピア）	シベトン，スカトール，インドール	高級調香品用，保留剤用
		海狸香（カストル，カストリウム）	海狸（ビーバー）の雄，雌の生殖腺に沿って存在する分泌腺囊を切断し乾燥	シベリア（ロシア），カナダ	カストリン，芳香族化合物，テトラヒドロヨノン，テトラヒドロヨノール	保留剤用
		龍ぜん香（リュウゼンコウ，アンバーグリス）	マッコウ鯨の腸内病的結石と考えられる異物の乾燥したもの	マッコウ鯨生息海域	アンブレイン	保留剤用
		ジャコウネズミ（ムスクラット）	ジャコウネズミの芳香分泌腺囊を切り取り乾燥したもの	北アメリカ，カナダ	シクロペンタデカノール，ジヒドロシベトール，エキザルトン	じゃ香の代用品用

造を持ち，これらの炭化水素骨格を持つアルコール，カルボニル化合物などもテルペンに含める．テルペン系の香気物質にはメントール (**10.3**)，ショウノウ (樟脳，カンファー；**10.4**)，ゲラニオール (**10.5**) など多数ある．

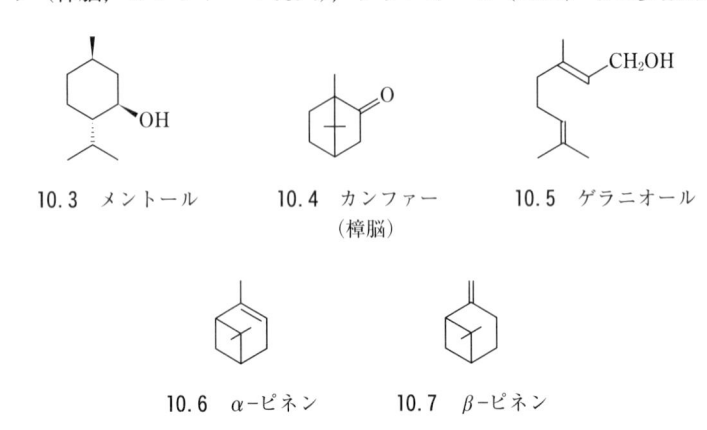

10.3　メントール　　　10.4　カンファー　　　10.5　ゲラニオール
　　　　　　　　　　　　　　（樟脳）

10.6　α-ピネン　　　10.7　β-ピネン

これらと同様に，モノテルペン (C_{10}) の構造を持つ天然物にピネンがある．ピネンはテレピン油 (松から得られる) の主成分で，ピネンを原料とする香気物質の合成は古くから行われている．α-ピネン (**10.6**) からのショウノウの合成経路を図 **10.4** に示す．α-ピネンを塩酸で処理すると骨格の転位 (ワグナー―メールワイン転位) が起こってカンフェンになる．これに酢酸を付加，加水分解によりイソボルネオールを得た後，脱水素するとショウノウが得られる．

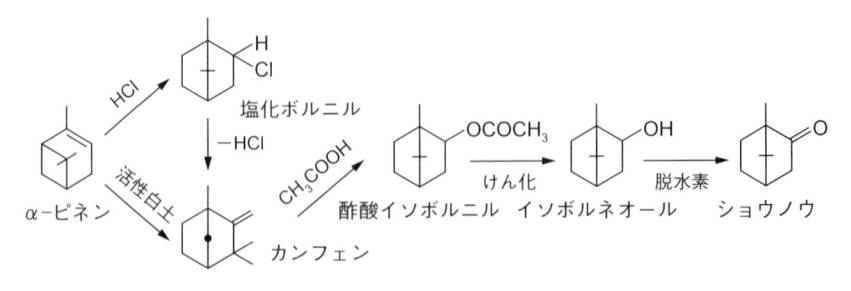

図 10.4　ピネンからショウノウの合成

10.5 香料の製法

また，ゼラニウム油やローズ油の主成分でバラ香を持つ l-シトロネロールは，α-または β-ピネン (10.7) の水素添加で得られるピナンを熱で異性化させてジヒドロミルセンとし，水和することによって合成される（図10.5）．ここでは双環構造が鎖状構造に変わっている．

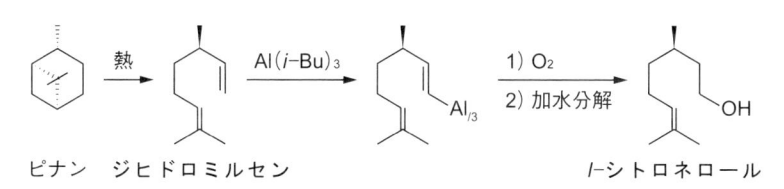

図10.5　ピナンからシトロネロールの合成

また，α-ピネンからピナン，その酸化を経てリナロール（リナロオール）が合成される（図10.6）．

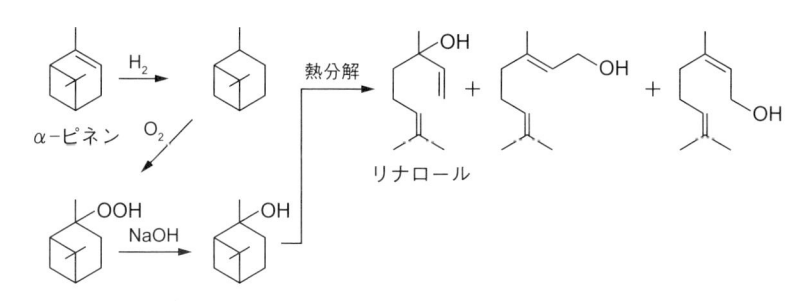

図10.6　ピネンから鎖状テルペンの合成

α-ピネンから β-ピネンへの異性化ができるので，この β-ピネンの異性化によるミルセンの生成，塩化水素の付加，酢酸エステル化，加水分解を経てモノテルペンアルコール類が得られる（図10.7）．

ミルセンは月桂樹，バーベナ，ホップなどの精油成分であり，前述のように β-ピネンの熱異性化によって合成できる．このミルセンとアミンから得られるゲラニルアミンおよびネリルアミンを，光学活性の金属錯体（配位子

図10.7 ピネンからの合成

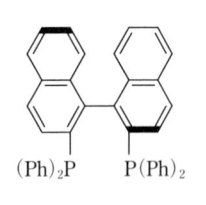

BINAP；10.8) を触媒として不斉異性化を行い，高収率，高光学純度でエナミンを得，加水分解して α-シトロネラールとした後，環化，水素添加して l-メントールが製造される（図10.8）．

10.8 BINAP

イオノン（ヨノン）はスミレ香を持つ．シトラール（オガルカヤの精油に含まれる）にアセトンを縮合させてプソイドイオノンを作り，これを開環して α- および β-イオノンを選択的に合成することができる（図10.9）．

2）石油・石炭化学原料からのテルペノイドの合成

アセチレンとアセトンからメチルヘプテノンを経てリナロール，シトラー

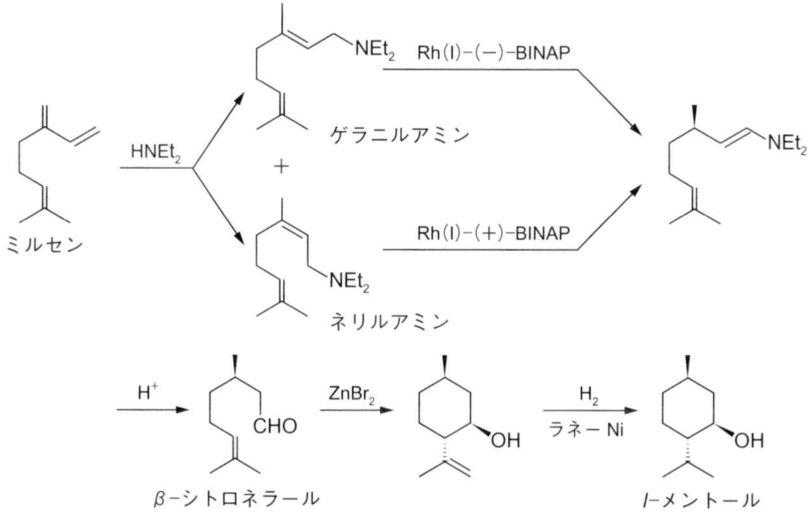

10.5 香料の製法

図 10.8　*l*-メントールの製造法

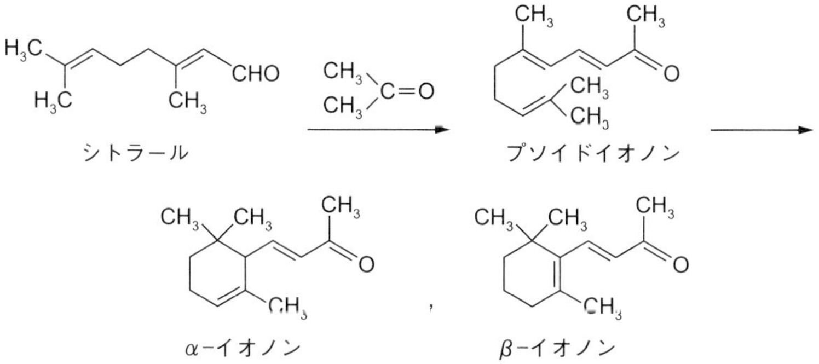

図 10.9　イオノン（ヨノン）の合成

ル，ゲラニオールなどのテルペン化合物を合成し，さらにプソイドイオノンを合成する方法が工業化されている（図 10.10）．

アルカリ触媒を用いアセチレンによってアセトンをエチニル化し，リンドラー触媒により半還元してジメチルカルビノールとし，これにジケテン（10.

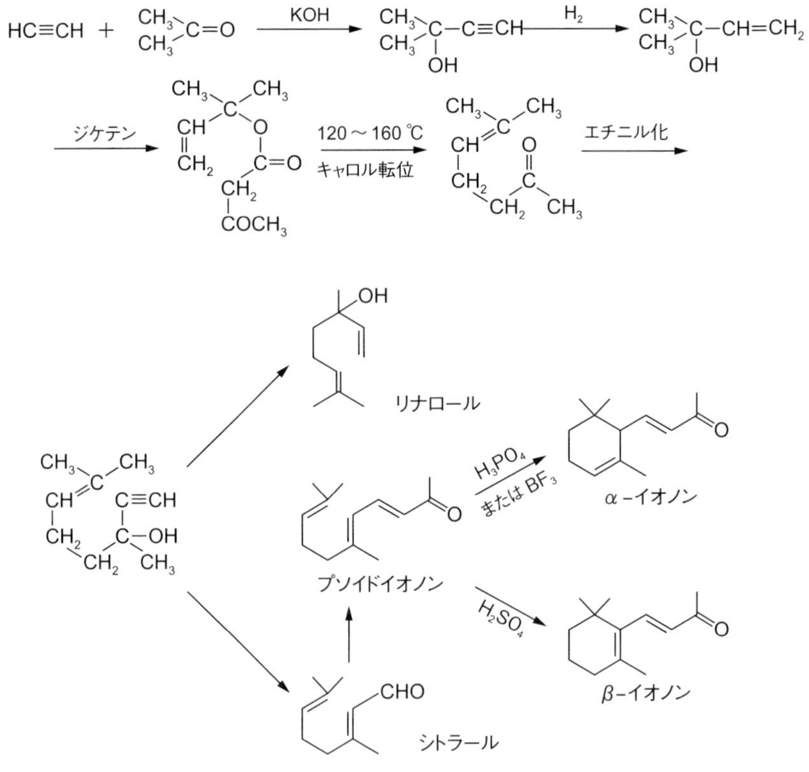

図10.10 アセチレンとアセトンからテルペノイドの合成

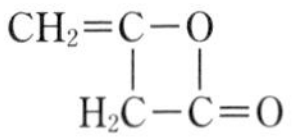

```
CH₂=C-O
    |  |
 H₂C-C=O
```
10.9 ジケテン

9：アセトンの熱分解で得られる）を反応させてアセト酢酸エステルとし，これを加熱するとキャロル転位が起こり，テルペン化合物の鍵物質となるメチルヘプテノンが得られる．これをさらにエチニル化してモノテルペン化合物が合成される．

　ナフサの熱分解で得られるC_5留分のイソプレンを原料として，「イソプレノイド」すなわちテルペノイドを合成する方法が工業化されている．イソプレンに塩化水素を付加させて塩化プレニルにし，これをアセトンと縮合させ

てメチルヘプテノンにする．これをエチニル化してデヒドロリナロールとし，エチニル基を水素化するとリナロールが得られる（図10.11）．塩化プレニルとアセトンの縮合は水酸化ナトリウムを用い，第四級アンモニウム塩を相間移動触媒とするとうまく進む．リナロールからは種々のテルペンに導くことができる．

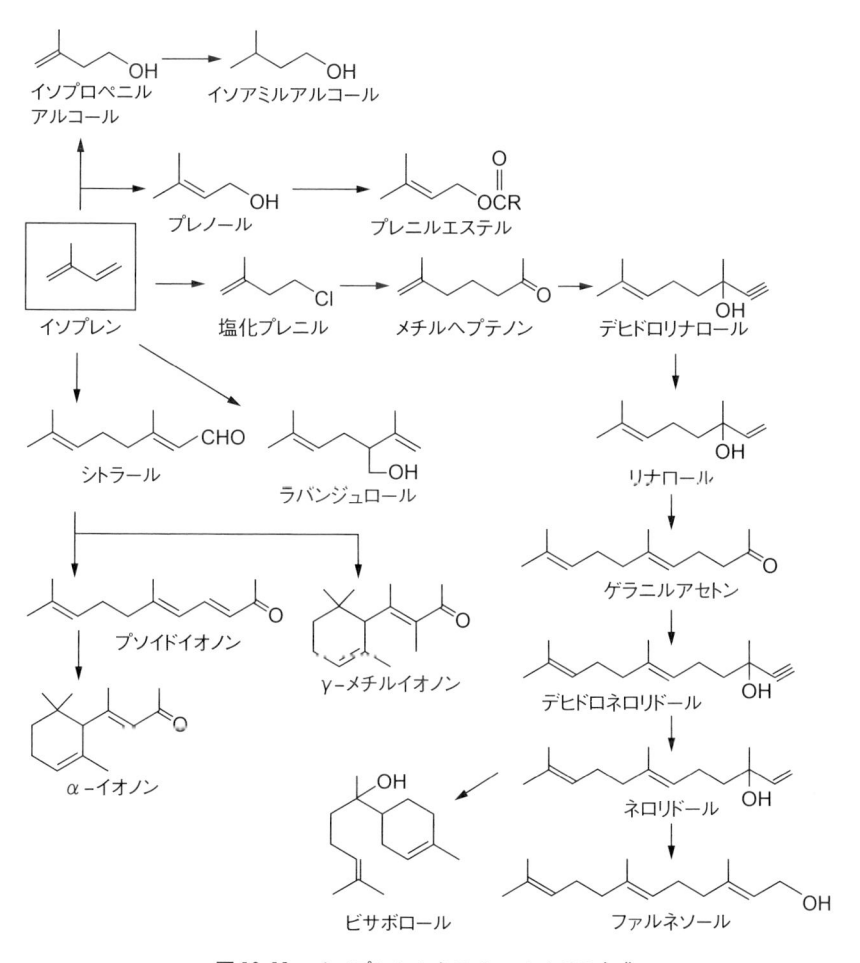

図10.11 イソプレンからテルペノイドの合成

3）非テルペン化合物の合成

ⅰ）青葉アルコール

新鮮な青葉の香りは主に *cis*-3-ヘキセン-1-オール（青葉アルコール）によるものである．現在調合香料，フルーツ・フレーバーなど工業用として大量に使用されている．図10.12にアセチレンからの合成法を示す．現在では石油化学工業におけるイソプレン製造の副産物であるブタン留分をナトリウムと反応させてナトリウムブチニリドとし，エチレンオキシドを付加させて C_6 アルコールとし，エチニル基を部分水素化して合成する方法が主流である．

$$HC\equiv CH \xrightarrow{Na} HC\equiv CNa \xrightarrow{C_2H_5I} EtC\equiv CH \xrightarrow{Na} EtC\equiv CNa \longrightarrow$$

$$[CH_3C\equiv CCH_3,\ CH_2=C=CHCH_3,\ EtC\equiv CH] \xrightarrow{Na}$$

$$EtC\equiv CCH_2CH_2OH \xrightarrow[\text{リンドラー触媒}]{H_2} \text{(cis-3-hexen-1-ol)}$$

青葉アルコール

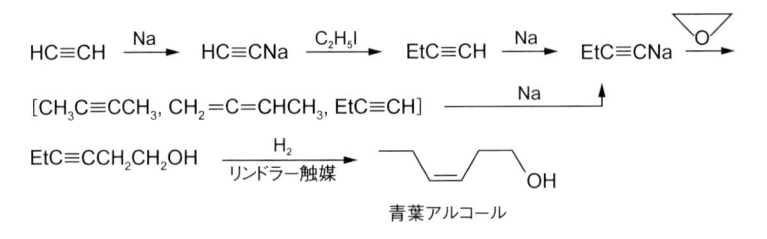

図10.12　青葉アルコールの合成

ⅱ）小環状ケトン：ジャスモンと関連化合物

ジャスミンの花から採るジャスミン油は天然香料として重要である．芳香成分は *cis*-ジャスモン，ジャスモン酸メチル，ジャスミンラクトン等で，青葉アルコールと同様にシス型二重結合を持つことが特徴である．

cis-ジャスモンの最も分かりやすい合成法は，鎖状1,4-ジケトンの分子内アルドール反応で，このジケトンの合成の効率化について多くの報告がある（式10.1）．

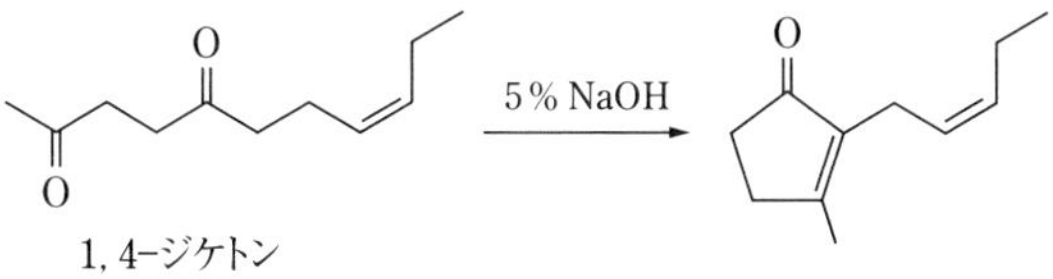

10.5 香料の製法

(式 10.1)

1,4-ジケトン

　ジャスモン酸メチル合成の工業化された方法は，図 10.13 のようにアジピン酸ジアリルエステルのディークマン環化反応と，C_5 アルキル鎖の導入，パラジウム錯体触媒による脱炭酸，ついで部分水素化，マロン酸エステルへのマイケル付加を経る道筋である．ジャスモン酸メチルには 2 個の不斉炭素があり，対掌体も入れると 4 種の立体異性体がある．天然精油の主成分はトランス体のうちの $(-)-(2R,3R)$ 体であるがこれは無臭に近く，シス体のうちの $(+)-(2S,3R)$-エピジャスモン酸メチルだけが強い香気を持つ．

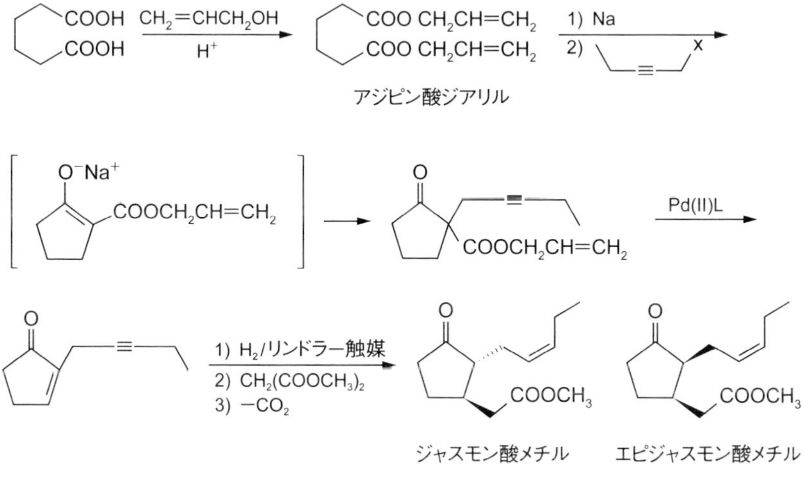

図 10.13　ジャスモン酸メチルの合成

　側鎖のシス二重結合が飽和されたジヒドロジャスモンは天然精油に含まれていないが，デヒドロ体と似た香気をもち，工業的に生産されている．

iii）大環状ケトンとラクトン：ムスク系化合物

天然に存在する麝香（ムスク）系香気化合物は 15～19 員環の大環状化合物で，カルボニル基やエステル基（ラクトン）などの官能基を持つ．これらは香粧品香料として重要である．

大環状化合物の合成は比較的難しく，種々の合成法が検討されてきたが，ペンタデカン二酸が発酵法で生産されるのでこれを原料とし，そのジエステルをアシロイン縮合で閉環し，ヒドロキシ基を還元的に除去するとシクロペンタデカノン（エキザルトン）が得られる．これからさらにムスコン，ペンタデカノリド（エキザルトリド）を合成することができる（図 10.14）．エキザルトリドはアンゲリカの根油，アンブレットの精油に存在し，大環状ケトンと同様に強いムスク香を持つ．

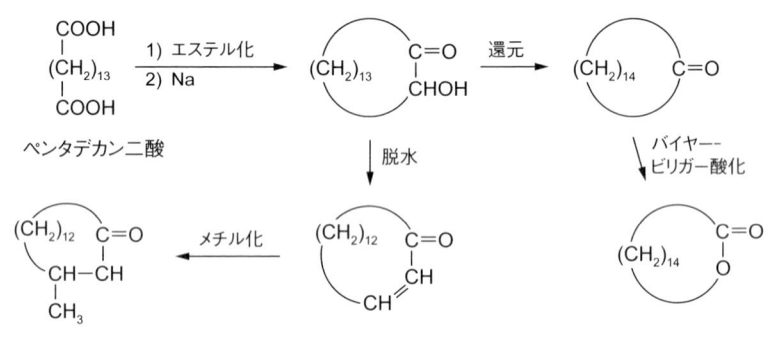

図 10.14　大環状ムスク化合物の合成

iv）脂肪族化合物

炭素数 10 程度の脂肪族アルデヒドは石鹸用香料に，炭素数の少ない脂肪族カルボン酸エステルおよび小環状ラクトンはフレーバーに用いられる．

アルデヒドの合成法はいろいろあるが，一例はアルコール，ブロミド，グリニャール試薬を経て，オルト炭酸エステルとの反応によるアセタールの生成，その加水分解という有機化学でおなじみの経路である．

γ-および δ-$C_{8,9,10}$ ラクトンはいろいろの果物やバター，チーズ様の香気を持ち，フレーバーとして有用である．これらのラクトンは対応するオキシ酸，ハロ酸，不飽和酸から常法により合成される．

ⅴ）芳香族化合物

芳香族化合物は工業的に大量生産されているものが多くあり，その名のように香料として重要なものが多い．

ベンジルアルコールはジャスミン，ヒヤシンス油などに存在し，人造花精油の調合に欠かせない．酢酸ベンジルは強いジャスミン香を持つ．ベンジルアルコールは工業的にはトルエンの塩素化，続く加水分解によって合成し，酢酸エステルは塩化ベンジルと酢酸カリウムとを反応させて作る（式 10.2）．

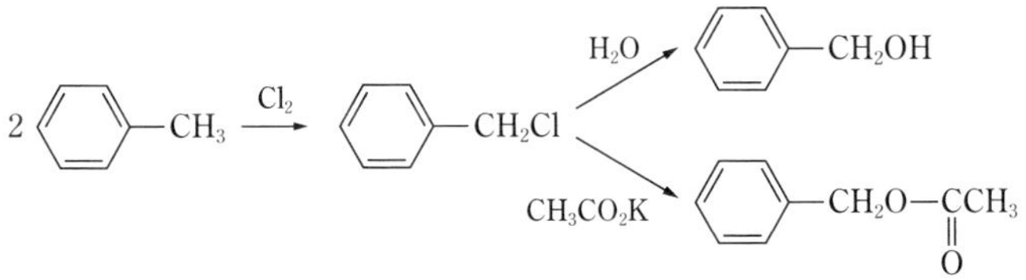

$$2\ C_6H_5\text{-}CH_3 \xrightarrow{Cl_2} C_6H_5\text{-}CH_2Cl \begin{array}{c} \xrightarrow{H_2O} C_6H_5\text{-}CH_2OH \\ \xrightarrow{CH_3CO_2K} C_6H_5\text{-}CH_2O\text{-}COCH_3 \end{array} \quad (式\ 10.2)$$

芳香族化合物で最も多く生産されている香気物質は 2-フェニルエタノール（β-フェニルエチルアルコール）である．バラ系香料として広く使用されている．主にスチレンを原料として合成される（図 10.15）．この例に限らないが，香料の品質はわずかな副生物によっても左右されるので，合成経路や触媒の選択は最も注意が必要なことである．

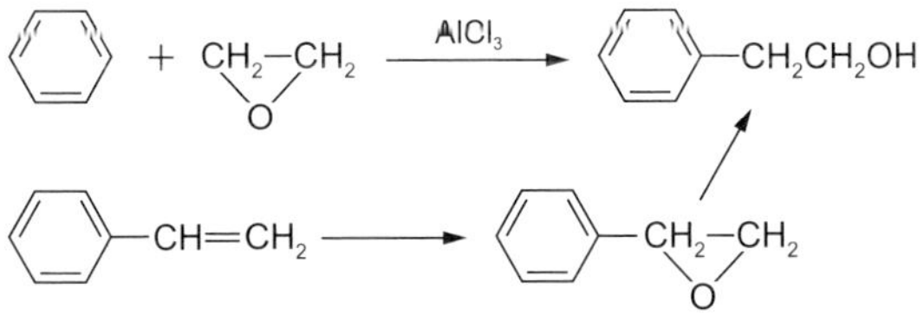

図 10.15　β-フェニルエチルアルコールの合成

芳香族アルデヒドには多くの香気物質がある．苦扁桃様の香気をもち，石鹸や合成香料の中間体に用いられるベンズアルデヒド，ヒヤシンス様香気のフェニルアセトアルデヒド，桂皮油の主成分で石鹸や菓子の香料に使用されるシンナムアルデヒド，アニス油に存在しサンザシの花の香気のアニスアルデヒド（p-メトキシベンズアルデヒド），ヘリオトロープ様香気のヘリオトロピン（ピペロナール），バニラ香を持ちフレーバーとして重要なバニリン，リリー系の香料として使われるシクラメンアルデヒド，リリーアルデヒドなど，数多くのものが合成されている．

フェニルアセトアルデヒドは，対応するジオール，アセタールを経て合成されている（図10.16）．

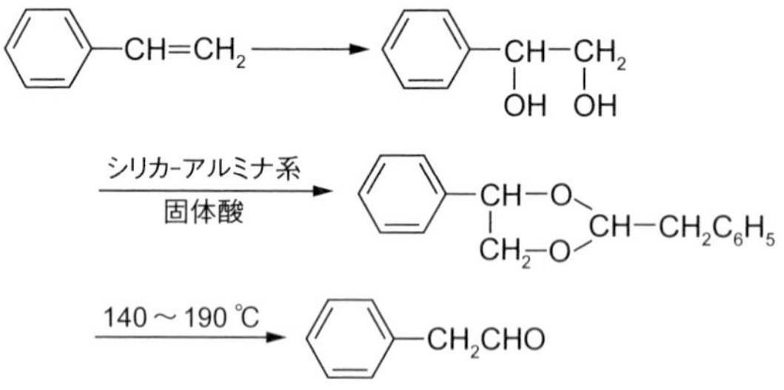

図10.16　フェニルアセトアルデヒドの合成

ヘリオトロピン（ピペロナール）はサフロール（サッサフラス油などの主成分）を原油とし，異性化，オゾン分解を経て合成される．また石油化学原料から得られるメチレンジオキシベンゼンにホルミル基を導入して合成できる（図10.17）．

バニリンはオイゲノール（グローブ油，桂葉油の成分：スパス香）あるいはリグニン（主にメトキシ基の付いたフェニルプロパン単位からなる高分子）を原料として合成されている（式10.3）．

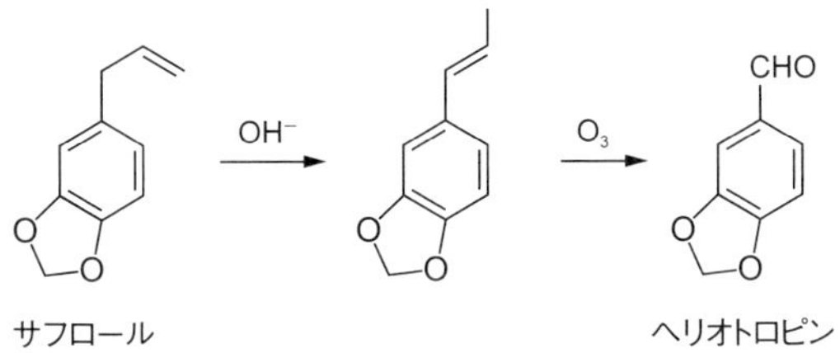

10.5 香料の製法

図10.17 ヘリオトロピンの合成

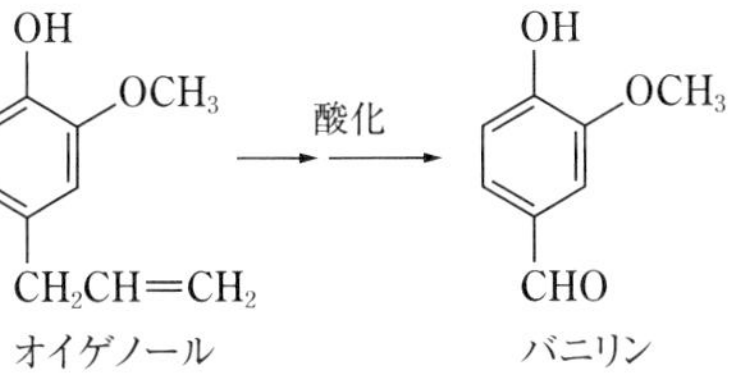

（式10.3）オイゲノール → バニリン（酸化）

シンナムアルデヒドはベンズアルデヒドとアセトアルデヒドの縮合で合成される（式10.4）.

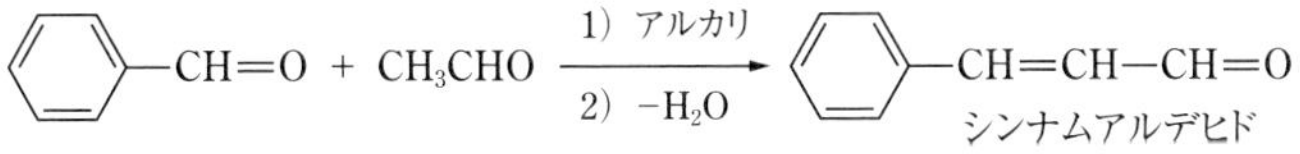

$$\text{C}_6\text{H}_5\text{-CH=O} + \text{CH}_3\text{CHO} \xrightarrow[\text{2) }-\text{H}_2\text{O}]{\text{1) アルカリ}} \text{C}_6\text{H}_5\text{-CH=CH-CH=O} \quad (\text{式 }10.4)$$

シンナムアルデヒド

関連する香気物質の例にはシクラメンアルデヒド，リリーアルデヒド（リリアール）がある（式10.5）.

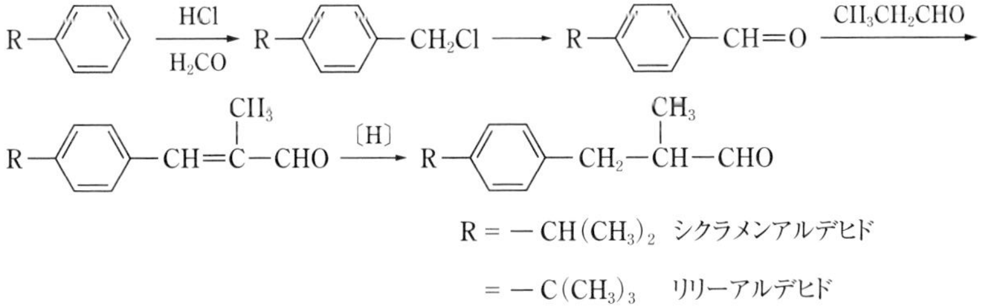

$$R-C_6H_4-\text{H} \xrightarrow[\text{H}_2\text{CO}]{\text{HCl}} R-C_6H_4-\text{CH}_2\text{Cl} \longrightarrow R-C_6H_4-\text{CH=O} \xrightarrow{\text{CH}_3\text{CH}_2\text{CHO}}$$

$$R-C_6H_4-\text{CH=C(CH}_3\text{)-CHO} \xrightarrow{[\text{H}]} R-C_6H_4-\text{CH}_2-\text{CH(CH}_3\text{)-CHO}$$

R = －CH(CH$_3$)$_2$　シクラメンアルデヒド
　 = －C(CH$_3$)$_3$　リリーアルデヒド
（式 10.5）

複素環（ヘテロ環）化合物には食品香料として用いられるものがある．マ

ルトールは天然物，各種食品に見出される化合物で，フルフラール（穀物の藁や糠に含まれるペントサンから）を原料として図 10.18 のような経路で工業的に合成される．マルトールはパン，ケーキなどのフレーバーとして多用される．

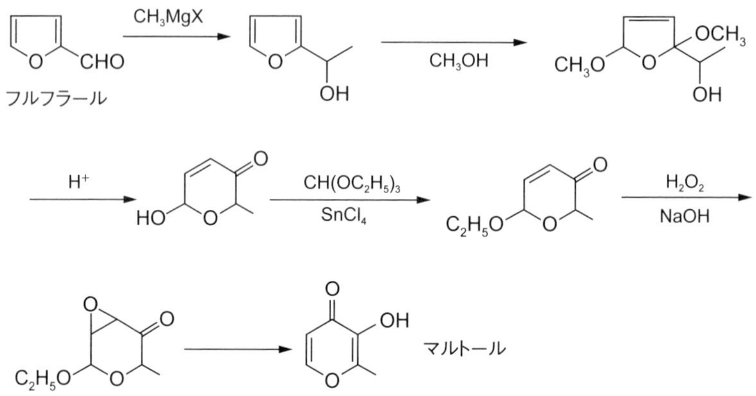

図 10.18 マルトールの合成

10.6 化粧品

化粧品は香粧品とも呼ばれるように，その中で香りは重要な役割を演じている．化粧品は油性物質，界面活性剤，香料，色材などの多くの種類の物質から構成されている．これらの諸物質の混合のために，また化粧品の洗髪等への利用のために，界面科学的性質が重要である．その基本は界面活性剤の章で述べた．また，皮膚への塗布などの用途においては，化粧品の硬さ，軟らかさなど力と変形の関係にかかわるレオロジー的性質も重要である．

10.6.1 化粧品の種類・目的・用途

化粧品の種類は非常に多い．使用部位，使用目的などによって分類したものが表 10.4 である．

10.6 化粧品

表 10.4 化粧品の種類およびその目的と用途（亀岡 弘, 1993[1])）

種 類	細 別	目 的 と 用 途
皮膚洗浄料	石鹸 (soap) 化粧石鹸, 薬用石鹸, 透明石鹸, クレンジングクリーム	皮膚の洗浄と美容効果. 洗顔, 浴用など.
基礎化粧料	クリーム (cream) バニシングクリーム, 中性クリーム, コールドクリーム	皮膚面にクリーム膜を作り, 外界からの刺激と皮膚の衰えを防ぐ. 化粧下, 荒れ止め, ひげ剃り後.
	化粧水 (toilet water) 洗浄用化粧水 ｝酸性 柔軟性化粧水 ｝アルカリ性 収斂性化粧水 ｝中性	皮膚の清潔さと健康保持, 皮膚に付着した汚れの除去, 適度の水分を与え, みずみずしく滑らかにする. アストリンゼンローション：収斂性酸性タイプ.
	乳液 (liquid cream)	均一にのびやすく, 皮膚になじみやすい. 油っぽさを感じさせない. 皮膚を柔らかく, 滑らかにする. 油分を多量に含有する乳化タイプの液状クリーム.
	パック (pack) 液状, ペースト状, 粉末状, 湿布型オイル	顔, 首, 肩, 腕, 脚などの皮膚の荒れやすい部分, 肌のたるみを引き締める. 汚れを吸収除去, 肌を滑らかにする.
仕上げ化粧料	白粉 (powder) 粉末, 固形, 水, 練, 油性白粉	シミ, ソバカスを隠す. 滑らかなベルベット様感じを皮膚に与え, 顔を魅惑的にする.
	ファンデーション (foundation) ローション, クリーム, スチック	肌を整えながら自然のメークアップができる. クリームあるいは乳液などに白粉分を配合した化粧品.
	口紅 (lipstick)	いやな味, においがせず, 無害であること. 色調が不自然にならないこと. スチック状.
	頬紅 (rouge) 液状, クリーム状	頬に立体感をださせ, 健康的な肌に見せる.
	爪の化粧料 (manicure preparations) キューティクルリムーバー, ネイルエナメル	爪を保護し, 指先を美しくする.

（つづく）

表10.4 つづき

種類	細別	目的と用途
仕上げ化粧料	目の化粧料 (eye cosmetics) アイライナー, マスカラ, アイシャドウ, 眉墨	目の印象を強め, 魅力を増し, 睫毛を長く美しくし, 立体的に見せて目の美しさを強調.
男性化粧料	男性化粧料 (men's cosmetics) シェービングソープ, シェービングクリーム, アフターシェービングローション	ひげ剃りを容易にし, 皮膚の荒れを防ぐ. ひげ剃り後の顔の刺激を抑え, 清涼感を与える.
頭髪化粧料	頭髪化粧料 (hair cosmetics) ヘアートニック, ヘアーコンディショナー, ヘアーオイル, ヘアーリキッド, ヘアークリーム, ポマード, ヘアースプレー, パーマネントウェーブローション, 染毛料	養毛剤, 整髪料として使用. 清涼感を与え, 頭髪を保護し, 清潔にする.
洗髪料	シャンプー (shampoo), リンス (rinse) 液状, クリーム状, 粉末状	頭皮, 毛髪を清潔にし, 美しく保つ. 洗浄作用をもつこと. 洗髪後に使用. 毛髪を柔軟にし, 自然の光沢を与える.
フレグランス	香水 (perfume), オーデコロン (eau de Cologne), 芳香石けん, 線香	芳香を付すために使用.
その他	打粉, 日やけ止め化粧料, 日やけ後の手入れ用化粧料, 防臭化粧料, 浴用化粧料, 除去化粧料	それぞれの目的に応じて使用.

10.6.2 化粧品の素材

化粧品の素材には油脂・ロウ類, 界面活性剤, 色材, 香料など多くの物質があり, これらが基材あるいは添加剤として用いられる. 各物質の基礎的な事柄はそれぞれの章を参照してほしい. 本章の主題である香料については, どのくらいの割合で香料が加えられているかというと, 香水で 15～40 %, 各種クリーム, 乳液, 化粧水で 0.05～0.5 %, 仕上げ用化粧品で 0.1～0.5 %, 整髪用化粧品のうちポマードが 3～5 %, 他は 0.1～0.5 %, トイレタリー製品が 0.5～2 % といったところである.

また, 紫外線吸収剤 (ベンゾフェノン系, サリチル酸系など), 紫外線散

表 10.5 代表的な化粧品とその構成素材（亀岡 弘，1993[1]）

化 粧 品	構 成 素 材
透明石鹸 (transparent soap)	高級脂肪酸ナトリウム（主成分），ヒマシ油（透明性を与える），牛脂，ヤシ油，オリーブ油，水酸化ナトリウム，エタノール，グリセリン，プロピレングリコール，砂糖，香料，着色料，金属イオン封鎖剤，水.
クレンジングクリーム (cleansing cream)	乳化型（W/O 型）：流動パラフィン，アリストロワックス，蜜ろう，ステアリン酸，ホウ砂，香料，保存剤，水. O/W 型，無水油性型もある.
化粧水 (toilet water)	柔軟性：グリセリン，プロピレングリコール，ジプロピレングリコール，ポリオキシエチレンソルビタンモノラウリン酸エステル，ポリオキシエチレンラウリルアルコールエーテル，オレイルアルコール，エタノール，生薬抽出物，香料，着色料，防腐剤，紫外線吸収剤，水. 収斂性：上記のほかに収斂剤としてミョウバン，硫酸アルミニウム，タンニン酸など添加. 洗浄用，多層式などもある.
バニシングクリーム (vanishing cream)	ステアリン酸，ステアリルアルコール，ステアリン酸ブチル，グリセリルモノステアリン酸エステル，プロピレングリコール，水酸化カリウム，生薬抽出物，香料，防腐剤，水.
乳液 (liquid cream)	O/W 型；流動パラフィン，ワセリン，ステアリン酸，セチルアルコール，ポリオキシエチレンモノオレイン酸エステル，ポリエチレングリコール 1500，トリエタノールアミン，生薬抽出物，香料，防腐剤，水. ほかに W/O 型がある.
パック (pack)	液状パック（ふきとり型）：セルロース，ポリオキシエチレンオレイルアルコールエーテル，トリエタノールアミン，エチルアルコール，香料，防腐剤，水. ほかにペースト状パック，粉末状パックがある.
粉白粉 (powder)	タルク，沈降性炭酸カルシウム，二酸化チタン，ステアリン酸亜鉛，顔料，香料.
ファンデーションクリーム (foundation cream)	W/O 型：流動パラフィン，ラノリン，タルク，固形パラフィン，二酸化チタン，カオリン，ソルビタンセスキオレイン酸エステル，着色料，生薬抽出物，香料，防腐剤，酸化防止剤，水. ほかに O/W 型がある.

（つづく）

表 10.5 つづき

化粧品	構成素材
口紅 (lipstick)	二酸化チタン, 蜜ろう, キャンデリラろう, 流動パラフィン, 固形パラフィン, カルナウバろう, セレシン, ラノリン, ステアリン酸エステル, パルミチン酸エステル, 香料, 酸化防止剤, 色素 (赤色 202, 203, 204, 橙色 203 など).
頬紅 (rouge)	固形紅：タルク, 亜鉛華, ステアリン酸亜鉛, デンプン, 着色料, 香料, 防腐剤.
アイシャドウ (eye shadow)	カオリン, 蜜ろう, パルミチン酸エステル, ステアリン酸エステル, 香料, 着色料〔酸化鉄 (赤), 酸化鉄 (黄), 酸化鉄 (黒), パール顔料〕.
シャンプー (shampoo)	ソーダ石けん, カリ石けん, トリエタノールアミン石けん, 高級アルコール硫酸エステル塩, アルキルポリオキシエチレン硫酸エステル塩, モノエタノールアミン誘導体, ベタイン誘導体, スクワラン, 流動パラフィン, ラノリン誘導体, ソルビタン脂肪酸エステル, 着色料, 生薬抽出物, 香料, 粘度調整剤, 紫外線吸収剤, 防腐剤.
リンス (rinse)	アルキルトリメチルアンモニウムクロリド, ジアルキルジメチルアンモニウムクロリド, アルキルジメチルベンジルアンモニウムクロリド.
ヘアトニック (hair tonic)	養毛剤 (ホルモン, ビタミンなど), 殺菌剤 (サリチル酸, カチオン活性剤, ヒノキチオールなど), 清涼剤 (メントールなど), オリーブ油, 流動パラフィン, スクワラン, ラノリン, 高級アルコール, 生薬抽出物, 香料, 着色料.
ヘアリキッド (hair liquid)	ポリオキシプロピレンブチルエーテル, ラノリン誘導体, エタノール, 水, 香料, 着色料, 防腐剤, 紫外線吸収剤.

乱剤 (酸化チタン, タルクなどの粉体) も用いられる. そのほか, ハーブ, 生薬抽出物ほか, 種々の目的で多くの種類の添加物が加えられている.

表 10.5 には代表的な化粧品について, どんな素材によって構成されているかを示した.

テルペノイドの生合成

84ページのコラムで,天然油脂の構成成分である長鎖脂肪酸が炭素2個の構造単位の結合によって作られ,このC_2化合物がアセチルコエンチームA(アセチルCoA)であることを述べた.アセチルCoAは種々の生化学反応の中で重要な鍵になる物質であり,天然香料の代表的な一群であるテルペン類もアセチルCoAから出発して生合成される.

まず,アセチルCoA(C_2)とその2分子からできたアセトアセチルCoA(C_4)(同コラムの式4(p.85)参照)が結合してC_6化合物であるメバロン酸ができる(式1).

$$\begin{array}{c}CH_3\\|\\C=O\\|\\S-CoA\end{array} + \begin{array}{c}CH_3\\|\\C=O\\|\\CH_2\\|\\C=O\\|\\S-CoA\end{array} \xrightarrow{CoA} \begin{array}{c}CH_3\ \ OH\\ \diagdown\diagup\\C\\ \diagup\ \diagdown\\CH_2\ \ CH_2\\|\ \ \ \ \ |\\C=O\ \ COOH\\|\\S-CoA\end{array} \xrightarrow[2\,NADPH+2H^+]{CoA} \begin{array}{c}CH_3\ \ OH\\ \diagdown\diagup\\C\\ \diagup\ \diagdown\\CH_2\ \ CH_2\\|\ \ \ \ \ \ |\\CH_2OH\ COOH\end{array}$$

アセチル　アセトアセチル　　3-ヒドロキシ-　　　　　　　メバロン酸
　-CoA　　　-CoA　　　3-メチルグルタリル-CoA

(式1)

メバロン酸はリン酸化され,また脱炭酸されてC_5化合物であるイソペンテニル二リン酸になる(式2;次頁).

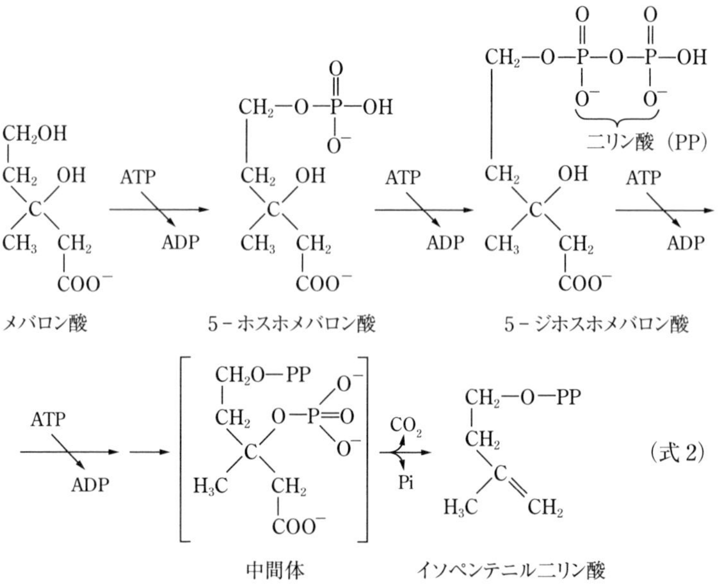

（式 2）

これがテルペノイド（イソプレノイド）の C_5 単位の源となる．イソペンテニル二リン酸とそれが異性化したジメチルアリル二リン酸が結合するとゲラニル二リン酸またはネリル二リン酸になる（C_{10}）（式 3）．

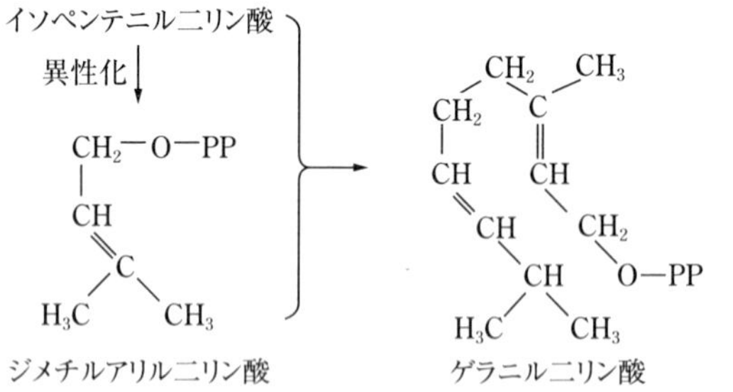

（式 3）

これらから出発して各種モノテルペン類（C_{10}）が生成する．さらにイソペンテニル二リン酸が結合するとファルネシル二リン酸（C_{15}）になる．これからセスキテルペン類が生成する（式 4）．

10.6 化粧品

ゲラニル二リン酸 + イソペンテニル二リン酸 ⟶ [ファルネシル二リン酸の構造式、CH₂-O-PP] (式4)

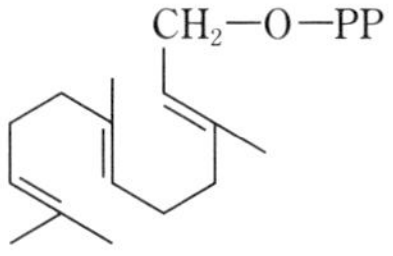

ファルネシル二リン酸

香り物質のほかにもイソプレン骨格を持つ化合物はいろいろある．ニンジンの色素の β-カロテン (C_{40})，ビタミン A (C_{20})（レチノール：目の網膜の光感受性物質レチナールの前駆体），コレステロール (C_{27}；C_{30} から 3 個の C が失われたもの）や種々のホルモンを含むステロイド類，さらに天然ゴム（構造はシス-1,4-ポリイソプレン）のように多様である（図1）．

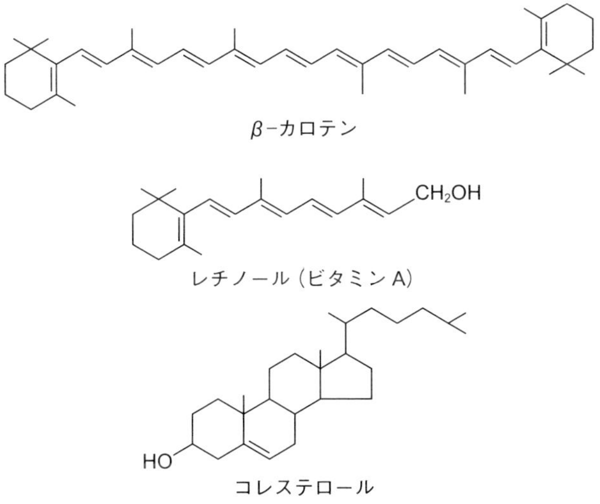

β-カロテン

レチノール（ビタミンA）

コレステロール

図1 イソプレン骨格を持つ化合物

第 11 章　医薬と農薬

　医薬の働きかける人体の部分や微生物と人体の他の部分は同じ生体物質でできている．農薬の対象となる害虫や雑草と作物との関係も同じである．これらを見分けてよい効果を示す物質を見出すことはなかなか難しい．医薬，農薬の歴史はこうした努力の歴史である．ここでは，構造活性相関や作用機構が分かり，設計，合成の進んだ例のいくつかを挙げて説明する．

　医薬と農薬は生物の体に直接働きかける物質である．医薬が働きかける対象には，人体そのものと，人体に住み着いた細菌，ウイルス，かびがある．したがって望ましい効果と望ましくない影響とは紙一重の関係にあるといってよい．「薬は毒」ともいうように，効能の裏には副作用があることは古くから認識されてきた．現在の医薬品には，考えられる副作用が必ず明示されている．言い換えると，程度の差はあるが，副作用を承知の上でわれわれは医薬を使っている．農薬は，作物の植物に害を与える生物を除くことを目的とするが，ここでも同様のことがある．

　実はこのような受益性（ベネフィット）と危険の可能性（リスク）とのバランスは「有用な」ものすべてに共通しているのだが，ついこのバランスの上で使っていることを忘れがちで，効果だけを宣伝したり，逆に危険の恐れだけを強調することも少なくない．

11.1 医薬と農薬の種類

医薬は一般に薬効によって分類する．働きかける人体の器官に応じて中枢・末梢神経系作用薬，抗アレルギー薬，循環器官用薬，呼吸器官用薬，血液作用薬，糖尿病治療薬，抗悪性腫瘍薬などが，細菌などに働きかけるものとして抗生物質と化学療法剤がある．またビタミンとホルモンも医薬として使われる．

農薬は，目的とする作物には影響することなく，それに害を与える細菌やかび，虫を殺し，雑草を枯らす物質である．農薬の代表は殺虫剤，殺菌剤と除草剤である．農薬は使う者に害があってはならないし，使用後土に入り水に流れ出るかも知れないから，農薬そのものや分解生成物の，環境や生態系への広く長期的な影響を考慮しなければならない．

医薬も農薬も，働きかけてほしい生物と他の生物は同様に生体物質で出来ているので，これらを見分けて必要な働きだけをする医薬・農薬を作り出すのはなかなか難しい．実際，医薬・農薬の開発の歴史はそのことを物語っている．

11.2 医薬・農薬は設計できるか

医薬・農薬の分子構造を設計し合成できるためには，化学構造と薬理活性の関係が明確になる必要がある．この関連性について法則性を確立したいというのがドラッグ・デザインの基本概念である．この概念の重要なものの一つに，医薬の化学構造における特徴的な類似性に基づいて分類する「主作用団」と「副作用団」という考え方がある．染料分子の場合の「発色団」と「助色団」と同じである．もう一つの重要な概念は，生理活性が或る物質の化学構造全体に由来するとする「構造特異作用」という考え方である．これは香り物質についての考え方に似ている．

11.2.1 主作用団と副作用団

11.4節でも取り上げるが，制菌作用を持つ医薬の代表的な一群であるサルファ剤は，図11.1の構造式に示したように点線で囲んだ共通部分を持っている．この部分の構造を変えると制菌作用は全く消失する．この共通部分の構造だけを持つスルファミンも制菌作用を示す．このような薬理活性を担う構造的最小単位を主作用団と呼ぶ．

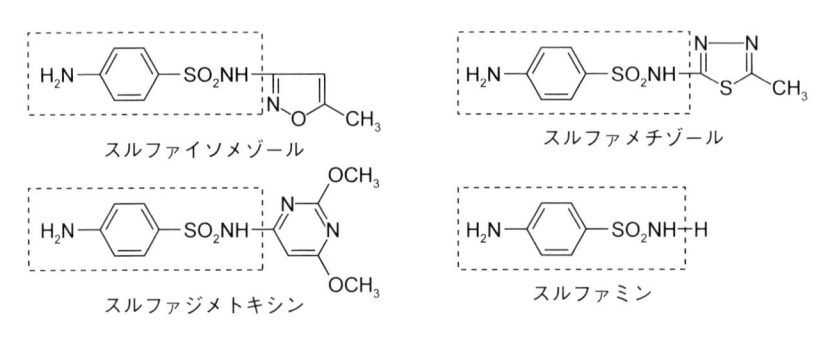

図11.1 サルファ剤の主作用団

それに対して点線枠以外の部分は副作用団と呼ばれ，それ自体に薬理活性はないが，作用の増強，持続，副作用の除去，毒性の低下などの働きを示すものである．

主作用団としてはごく簡単な構造のものから非常に複雑な構造のものまで，化学的には全く法則性なく発見されてきている．すなわち，新しい薬理作用を持つ主作用団を発見するきっかけとなる先導化合物を見出すための法則性は，現在のところはない，ということである．

11.2.2 構造特異作用と構造非特異作用

薬理活性が或る物質の化学構造の部分ではなく全体に由来するのは，生体内の受容体（レセプター）の立体構造と分子全体の構造が合致するためであると考えられている．いわゆる「鍵と鍵穴」の関係が成立しているので，味

物質・香り物質やホルモンとそれらの受容体，酵素とその特異的基質との関係など，生体物質の活性を特徴付ける現象といえる．この関係は些細な構造の変化に敏感に対応する．光学異性体の一方のみが活性を持ち，他方は持っていないことはよくある．香り物質のそのような例はすでに述べた（10.3節参照）．

構造非特異作用では，化学構造には全く類似性が認められなくても，同様の生理作用を示す．たとえば麻酔作用があって臨床に用いられるものに図11.2のような化合物がある．

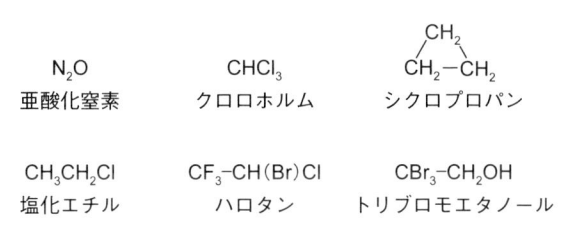

N_2O
亜酸化窒素

$CHCl_3$
クロロホルム

$\underset{CH_2-CH_2}{\overset{CH_2}{\diagup\diagdown}}$
シクロプロパン

CH_3CH_2Cl
塩化エチル

$CF_3-CH(Br)Cl$
ハロタン

CBr_3-CH_2OH
トリブロモエタノール

図11.2　麻酔作用を持つ化合物

11.3　医薬・農薬の開発

以上のことから，医薬・農薬の設計についていえば，その効果が初めて認められた物質（先導化合物）は，古くから薬として用いられていた天然物からの活性成分の抽出・単離，新しい化合物の合成や微生物の産生物の研究過程での偶然の発見によるのであり，先にも述べたようにこれらの発見の法則性は今のところない．しかしひとたび先導化合物が見出されると，その化学構造の変換などによって或る範囲での設計は可能であるということができる．

医薬の副作用は当然予測しなければならないから，新しい医薬の開発はきわめて慎重に行われる．手順のあらましを図11.3に示す．

スクリーニング（ふるい分け）は，薬理活性があるかどうか分からない化

第11章 医薬と農薬

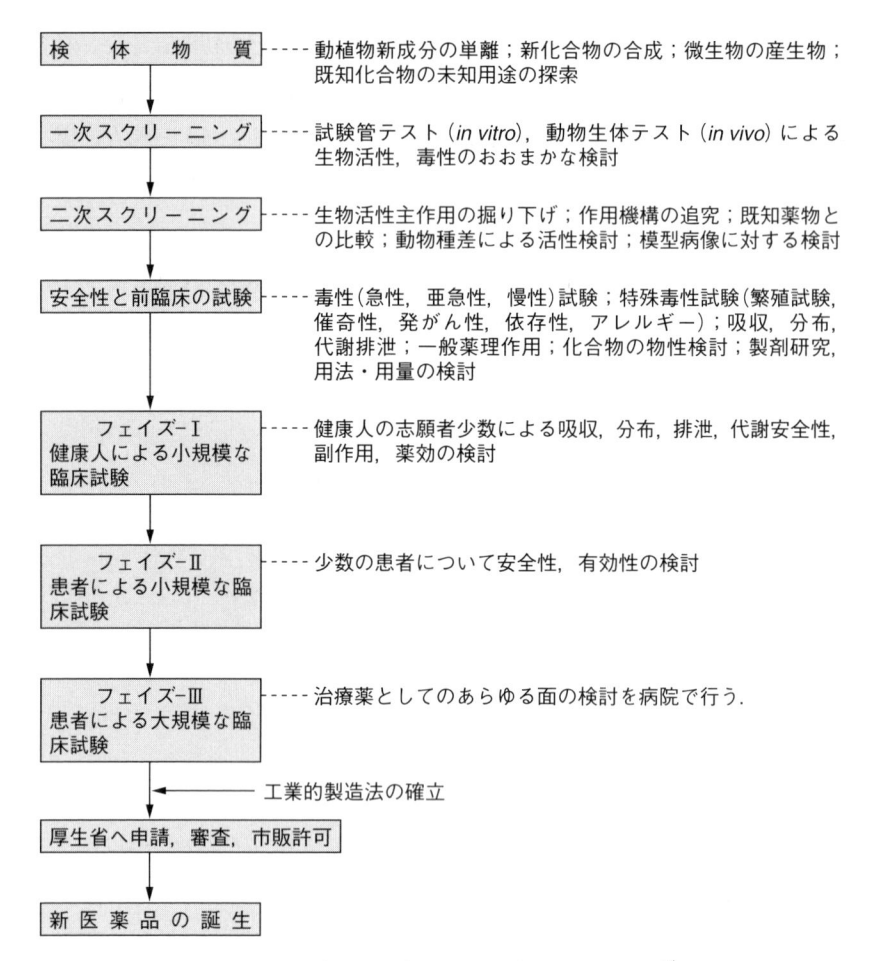

```
┌─────────────┐
│ 検 体 物 質 │----動植物新成分の単離；新化合物の合成；微生物の産生物；
└─────────────┘    既知化合物の未知用途の探索
       ↓
┌─────────────┐
│一次スクリーニング│----試験管テスト (in vitro)，動物生体テスト (in vivo) による
└─────────────┘    生物活性，毒性のおおまかな検討
       ↓
┌─────────────┐
│二次スクリーニング│----生物活性主作用の掘り下げ；作用機構の追究；既知薬物と
└─────────────┘    の比較；動物種差による活性検討；模型病像に対する検討
       ↓
┌─────────────┐
│安全性と前臨床の試験│----毒性(急性，亜急性，慢性)試験；特殊毒性試験(繁殖試験，
└─────────────┘    催奇性，発がん性，依存性，アレルギー)；吸収，分布，
                    代謝排泄；一般薬理作用；化合物の物性検討；製剤研究，
                    用法・用量の検討
       ↓
┌─────────────┐
│ フェイズ-I │
│健康人による小規模な│----健康人の志願者少数による吸収，分布，排泄，代謝安全性，
│ 臨床試験 │    副作用，薬効の検討
└─────────────┘
       ↓
┌─────────────┐
│ フェイズ-II │
│患者による小規模な臨│----少数の患者について安全性，有効性の検討
│ 床試験 │
└─────────────┘
       ↓
┌─────────────┐
│ フェイズ-III │
│患者による大規模な臨│----治療薬としてのあらゆる面の検討を病院で行う．
│ 床試験 │
└─────────────┘
       ↓ ← 工業的製造法の確立
┌─────────────┐
│厚生省へ申請，審査，市販許可│
└─────────────┘
       ↓
┌─────────────┐
│ 新 医 薬 品 の 誕 生 │
└─────────────┘
```

図 11.3　新薬創製の一般的な手順（谷田 博，1989[6)]）

合物の一群から活性のあるものを選び出すことである．はじめのほうの段階では実験動物に対する薬効と毒性の検討が行われる．長期に使用したときの安全性や子孫に対する影響のテストも行われる．それらに合格したものだけがヒトに対する臨床試験に入る．このように厳しい試験に残るのはごくわずかで，新成分，新化合物の中で新薬として生産されるのは何万分の一ともい

われる．

　農薬も，新しい製品が生産されるまでには哺乳動物に対する毒性（急性，慢性，次世代），野生生物に対する毒性，環境挙動など，安全性についての厳しい評価が行われる．

　以下の各節では，医薬と農薬のうち化学構造と薬理活性との関係（構造活性相関）や作用機構（この分野では「機序」や「機作」と呼ばれることが多い）が分かっているもの，天然物や合成物の先導化合物から出発して設計が進んできた例をいくつか選んで説明する．

11.4　サルファ剤－化学療法剤

　感染症（伝染病）が細菌などの微生物によって引き起こされることが分かったのは，19世紀後半になってからのことである．1876年にドイツのコッホ（R. Koch）は当時ようやく実用化されてきた顕微鏡を使って，炭疽病が細菌によって起こされることを突き止めた．以後，種々の感染症の原因となる細菌が次々と発見されていった．その中にはドイツ国立伝染病研究所（コッホが設立）に留学していた北里柴三郎による破傷風菌の発見がある．

　この研究所にいたエールリッヒ（P. Ehrlich）は，体の中に入り込んだ細菌を死滅させ，しかも人体に害を及ぼさない薬を発見できれば，全身性の感染症を治せるかもしれないと考えた．そこで目をつけたのが組織の色素による染色である．細菌の検査に使われる染色用の色素が細菌の細胞の中に入るのに注目したのである．この考えに沿った研究はやがて梅毒の治療薬サルバルサン（有機ヒ素化合物）（11.1）の発見へと導いた．これが化学療法の始まりである．

11.1 サルバルサン

11.4.1 プロントジルからサルファ剤へ

1930年ごろ，病理・細菌学者のドーマク（G. Domagk）は招かれてドイツのIG（イーゲー）染料会社の研究所に入社した．最初に手がけたのは新しい抗マラリア剤の開発であった．マラリアの特効薬にはキニーネ（11.2）が知られていたが，産地が東南アジアや南米でドイツでは入手しにくくなる恐れがあった．ドーマクはエールリッヒが色素と微生物細胞との結合性に注目したこと，また当時IG社が有機染料の研究・生産で世界の先端にあったことから，染料・色素を中心にマラリア薬の検討を始めた．

1911年に別の研究者がキニーネ誘導体が肺炎の治療に有効であることを見出し，その中にキニーネのベンゼン核にp-フェニレンジアミンをジアゾカップリングさせた一種の染料分子（11.3）があることにドーマクが注目し，もっと簡単なアゾベンゼン系化合物を取り上げ，スクリーニングを行った．この中から見出されたのが赤い色素化合物のプロントジル（11.4）である．

11.2 キニーネ

オプトキン（Z ＝ H）
（Z ＝ H$_2$N―　　　―N＝N―）

11.3 キニーネ構造を持つ染料分子

11.4 プロントジル

これはマラリア原虫だけではなくほかの病原性微生物の生育をも抑えることが分かった．

プロントジルの最初の人体実験は，ドーマクの敗血症にかかった幼い娘に対して行われた（1933年）．子供の血管に注射されたプロントジルは劇的な効果を収めた．高い熱は下がり始め，敗血症への効果が現れたのである．ドーマクはプロントジルの発見によって1939年にノーベル医学生理学賞を受けることになったが，ヒットラー・ドイツの政策によって辞退するのやむなきに至り，第二次世界大戦後1947年になってノーベル賞を受賞することになる．

11.4.2 代表的なサルファ剤

プロントジルは生物体内（*in vivo*）では有効であるが，試験管内（*in vitro*）では無効である．その後この薬の生体内での変化と作用機構の研究が行われた結果，プロントジルは生体内で還元的にアゾ基の開裂を受け，無色で簡単な構造のスルファミン（p-アミノベンゼンスルホンアミド）（**11.5**）が生成し，これが赤色色素の抗菌性発現の本体であることが分かった．

$H_2N-O_2S--NH_2$

11.5 スルファミン

以来，この系統の化合物は多数の有効な誘導体が開発され，サルファ剤と呼ばれる化学療法剤の中心をなす一群となった．その代表例を**表11.1**に示す．

ドーマクが1947年にノーベル賞を受けたときには，ペニシリンなどの抗生物質が，より好ましい抗菌薬物療法としてサルファ剤に置き換わっていて，今日ではサルファ剤の使用は抗生物質に耐性の細菌感染，抗生物質にアレルギーを示す患者などに限られている．しかし，サルファ剤が人類と感染症との戦いに果たしてきた役割はとても大きい．

第11章　医薬と農薬

表11.1　代表的なサルファ剤の構造と出現年代（谷田　博，1989[6]）

$$\left(\text{一般式}\quad H_2N-\underset{}{\bigcirc}-SO_2NH-R\right)$$

名称（発見年）	R	特徴
スルファミン（1935）	—H	
スルファピリジン（1937）	(2-ピリジル)	
スルファチアゾール（1938）	(2-チアゾリル)	
スルファジアジン（1940）	(2-ピリミジニル)	難溶性の外用薬
スルファグアニジン（1940）	—C(=NH)NH$_2$	
スルフイソミジン（1943）	(4,6-ジメチル-2-ピリミジニル)	高易溶性，尿路感染症
スルフイソキサゾール（1947）	(3,4-ジメチル-5-イソキサゾリル)	高易溶性，尿路感染症
スルファメチゾール（1948）	(5-メチル-1,3,4-チアジアゾール-2-イル)	高易溶性，尿路感染症
スルファジメトキシン（1955）	(2,6-ジメトキシ-4-ピリミジニル)	遅排泄持続性
スルファモノメトキシン（1961）	(6-メトキシ-4-ピリミジニル)	遅排泄持続性
スルファメトキサゾール（1960）	(5-メトキシ-3-イソキサゾリル)	遅排泄持続性

11.4.3 サルファ剤の作用機序

サルファ剤の細菌に対する働きは，細菌が生育するために必要な因子をサルファ剤が追い出すことである（図11.4）．具体的には，細菌の生育には葉酸が必要で，その分子にはp-アミノ安息香酸（PABA）に相当する構造がある（図11.5）．そして葉酸はPABAとプテリジン，グルタミン酸から生合成されるが，この反応に必要な酵素がある．この酵素に競合拮抗して葉酸の生合成を阻害するのがサルファ剤の主作用団であるスルファニルアミド（スルファミン）である．これは葉酸の合成に必要なPABAと類似の構造を持ち（図11.6），酵素の作用を阻害するものと考えられている．

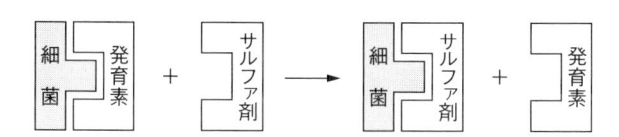

図11.4 サルファ剤の拮抗阻害の模式

図11.5 葉酸

図11.6 PABAとスルファミン

11.4.4 サルファ剤の合成

サルファ剤は表 11.1 に示したように，p-アミノベンゼンスルホンアミド（スルファミン）のアミノ基が種々の複素芳香族基で置換された構造を持っている．

スルファミン部分の合成法には，アセトアニリドと，p-クロロニトロベンゼンから出発する二つの一般法がある（式 11.1, 11.2）．

$$\text{AcNH-C}_6\text{H}_5 \xrightarrow{\text{ClSO}_3\text{H}} \text{AcNH-C}_6\text{H}_4\text{-SO}_2\text{Cl} \xrightarrow{\text{R-NH}_2} \text{AcNH-C}_6\text{H}_4\text{-SO}_2\text{NHR} \xrightarrow{\text{OH}^-} \text{H}_2\text{N-C}_6\text{H}_4\text{-SO}_2\text{NHR}$$

（式 11.1）

$$\text{O}_2\text{N-C}_6\text{H}_4\text{-Cl} \xrightarrow{\text{Na}_2\text{S}_2/\text{EtOH}} [\text{O}_2\text{N-C}_6\text{H}_4\text{-S}]_2 \xrightarrow{\text{Cl}_2/\text{希酢酸}} \text{O}_2\text{N-C}_6\text{H}_4\text{-SO}_2\text{Cl} \xrightarrow{\text{RNH}_2} \text{O}_2\text{N-C}_6\text{H}_4\text{-SO}_2\text{NHR} \xrightarrow{\text{還元}} \text{H}_2\text{N-C}_6\text{H}_4\text{-SO}_2\text{NHR}$$

（式 11.2）

アミン部分 RNH_2 の合成法は，式 11.3～11.5 に例を示すように複素芳香環の合成化学である．

$$\begin{array}{c}\text{COOH}\\\text{CH}_2\\\text{CHOH}\\\text{COOH}\end{array} \xrightarrow{\text{H}_2\text{SO}_4} \begin{array}{c}\text{COOH}\\\text{CH}_2\\\text{CHO}\end{array} \xrightarrow{(\text{NH}_2)_2\text{C}=\text{NH}} \text{H}_2\text{N-pyrimidine-OH} \xrightarrow{\text{POCl}_3} \text{H}_2\text{N-pyrimidine-Cl} \xrightarrow[\text{アンモニア}]{\text{亜鉛末}} \text{H}_2\text{N-pyrimidine} \longrightarrow \text{H}_2\text{N-pyrimidine-SO}_2\text{NH-pyrimidine}$$

スルファジアジン

（式 11.3）

(式 11.4)

(式 11.5)

11.5 ペニシリン－抗生物質

　抗生物質とは，微生物が作り出しほかの微生物の生育を阻止する物質のことである．抗生物質の代表はペニシリンである．ペニシリンの発見は1928年，イギリスの科学者フレミング（A. Fleming）によって偶然のことからもたらされた．

　フレミングはブドウの形をした菌で化膿させるブドウ球菌を培養し，これにいろいろの天然物を加えて菌が繁殖するかどうかを調べていた．そうしたある日，培養基の一つに青かびが発生して，その周囲のブドウ球菌の集落（コロニー）が溶けてなくなっているのに気づいた．フレミングはこの青かびがブドウ球菌の発育を阻止する何かを作るのではないかと考えた．このかびを取り出して液体培養し，その培地の殺菌効果を調べたところ，それはブドウ球菌だけでなく肺炎菌，淋菌，ジフテリア菌など多くの種類の細菌の成長を抑制するという驚くべき結果が得られた．フレミングはこの培地に存在

する細菌の発育阻止物質を，青かびの学名 *Penicillium* に因んでペニシリン（Penicillin）と名づけた．フレミングの報告は 10 年近くあまり注目されなかったが，1939 年ごろから研究が進み，オックスフォード大学のフローリ（H. W. Flory）らによりペニシリンの精製，患者への試用が行われ，1943 年には結晶化の成功となった．ペニシリンの驚異的な効力が世界に伝わったのは，肺炎に倒れたイギリスの首相チャーチルの命を救ったことによる．

　ペニシリンのような微生物の代謝物の量産はそれまでに例のないことであり，多くの創意工夫が必要であった．開発はアメリカの協力の下に行われた．日本にペニシリンの情報が入ったのは第二次世界大戦中のことで，その研究開発を目的として「碧素研究会」が設けられたが成果を挙げるに至らなかった．戦後アメリカからの技術導入によってペニシリンが国産化されたのは 1949 年のことであった．

11.5.1　ペニシリンと半合成ペニシリン

　ペニシリンははじめ天然から混合物として分離されたが，後にいくつかの化合物が純粋に単離された．それらの構造とナトリウム塩の抗菌力価を表 11.2 に示す．どれも母核（主作用団）として 6-アミノペニシラン酸（6-

表 11.2　天然から得られるペニシリン類
（谷田 博，1989[6]）

種　類	R	Na 塩 unit/mg
ペニシリン G	$-CH_2-C_6H_5$	1667
ペニシリン X	$-CH_2-C_6H_4-OH$ (*p*)	970
ペニシリン F	$-CH_2-CH=CH-CH_2-CH_3$	1625
3-ペンテニルペニシリン	$-CH_2-CH=CH-CH=CH-CH_3$	
ペニシリン K	$-(CH_2)_3-CH_3$	2300
ジヒドロペニシリン F	$-(CH_2)_4-CH_3$	1610

11.5 ペニシリン－抗生物質

APA) を持っており，これは β-ラクタム環とチアゾリジン環が縮合した構造を持っている．そして β-ラクタムが抗菌性発揮に必須の部分構造であることから，似た構造を持つセファロスポリン類などと合わせて，β-ラクタム系抗生物質と呼ぶ．

天然ペニシリンの中では，抗菌力も高く安定なペニシリン G が最初に医薬品に用いられたが，菌に耐性を与えやすいなどの問題点がある．耐性菌は β-ラクタマーゼを産出し，β-ラクタム環を開裂してペニシリンを不活性化する．そこで半合成的な方法などで構造を改変し，問題点を克服することが行われてきた．

6-APA がペニシリン G の酵素的分解，化学的分解などにより得られるようになったので，これを出発原料としてアミノ基の側鎖 (R) を変えることによって種々の半合成ペニシリンが作られるようになった．ペニシリンを化学的に分解して 6-APA を得る方法は式 11.6 のようである．

(式 11.6)

酸アミド結合が側鎖と β-ラクタム環の両方に存在し，加水分解に対しては当然歪のかかった β-ラクタム環のほうが切断されやすいので工夫が必要であり，五塩化リンを使用するイミノクロリドを経由する方法がとられる．イミノ基 (C=N) の加水分解は瞬時に進行する．β-ラクタム窒素上には水素

がないのでイミノクロリドにはならない．

6-APA のアシル化法としては微生物的および酵素的な方法と，化学試薬による方法とがある．混合酸無水物法の一例を挙げる（式 11.7）．

$$\text{C}_6\text{H}_5\text{CH(NH}_2\text{)COOH} + \text{C}_6\text{H}_5\text{CH}_2\text{OC(O)Cl} \longrightarrow \text{C}_6\text{H}_5\text{CH(NHC(O)OCH}_2\text{C}_6\text{H}_5\text{)COOH} \longrightarrow$$

$$\text{C}_6\text{H}_5\text{CH(NHC(O)OCH}_2\text{C}_6\text{H}_5\text{)C(O)OC(O)OC}_4\text{H}_9 \xrightarrow{\text{6-APA}} \text{(ベンジルオキシカルボニルアミノ基をもつペニシリン中間体)}$$

$$\xrightarrow[\text{または HBr}]{\text{H}_2/\text{Pd 還元}} \text{アンピシリン}$$

（式 11.7）

これらの方法により作られた半合成ペニシリン類を表 11.3 に示す．

ペニシリンとは関係のない物質から出発するペニシリンの全合成も行われている．これは工業的な実用性はないが，このような複雑な構造の天然物の全合成は有機合成化学の歴史に残る価値がある．

11.5.2 ペニシリンの作用機序

ペニシリンは病原菌の細胞壁の成分を作るのにかかわる酵素を阻害して菌を殺す．高等生物の細胞にはこのような酵素がないから人間に対する毒性はない．

細菌は，細胞膜（形質膜）の外側に動物の細胞にはない硬く厚い膜，細胞壁を持っている．細菌の細胞壁を形成するのはペプチドグリカンである．ペプチドグリカンは糖ペプチドの重合体で，その骨格は N-アセチルムラミン酸（M）(11.6a) と N-アセチル-D-グルコサミン（G）(11.6b) が β-(1,4) 結合で交互に繰り返しつながった構造の多糖である．N-アセチルムラミン

11.5 ペニシリン−抗生物質

表11.3 半合成ペニシリン類(谷田 博, 1989[6])

種 類	6位側鎖のR
ペニシリンV	C₆H₅−O−CH₂−CO−NH−
アンピシリン (α-aminobenzyl penicillin)	C₆H₅−CH(NH₂)−CO−NH−
オキサシリン (5-methyl-3-phenyl-4-isoxazolyl penicillin)	(5-methyl-3-phenyl-4-isoxazolyl)−CO−NH−
シクラシリン (5-methyl-3-ortho- 　chlorophenyl-4-isoxazolyl penicillin)	(5-methyl-3-(o-chlorophenyl)-4-isoxazolyl)−CO−NH−
メチシリン (2,6-dimethoxyphenyl penicillin)	(2,6-dimethoxyphenyl)−CO−NH−
ヘタシリン 〔6-(2,2-dimethyl-5-oxo-4-phenyl- 　1-imidazolidinyl)-penicillanic acid〕	(imidazolidinyl structure)

(a) N-アセチルムラミン酸 　(b) N-アセチル-D-グルコサミン

11.6 N-アセチルグルコサミンと誘導体

酸の3位にはD−乳酸を介して短いペプチド鎖が結合している(図11.7).このペプチド鎖には一般的でないD−アミノ酸が含まれている.そしてこのペプチド鎖間で橋かけが起こり丈夫な構造を作っている.

この構造が形成される段階で,酵素トランスペプチダーゼの働きでペプチ

図11.7 細胞壁ペプチドグリカンの架橋形成
G：N-アセチルグルコサミン，M：N-アセチルムラミン酸

ド鎖末端のD-アラニンが切断され，末端から二つ目のD-アラニンと別のペプチド鎖の中の塩基性アミノ酸（たとえばL-リシン）とが結合する．さらに別の酵素がこの塩基性アミノ酸のあるペプチド鎖の末端のD-アラニンを切断して，ペプチド鎖間の橋かけが完成する（図11.7）．

β-ラクタム系抗生物質は上記の酵素の活性部位に取り込まれ，ついでβ-ラクタム環の開裂が起こり，酵素の活性部位をアシル化し，酵素を不活性化し，細胞壁の形成を妨げると考えられる（図11.8）．

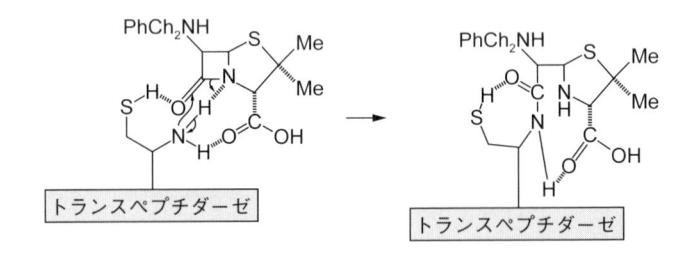

図11.8 β-ラクタムによるトランスペプチダーゼの不活性化

ペニシリンは細菌感染症にとってまさに魔法の薬であったが，敵もさる者でβ-ラクタム環を分解する酵素β-ラクタマーゼを出す細菌が現れてきた．耐性菌である．細菌の耐性を避け，さらに効果を高めるためにペニシリンの分子構造を変えたものが多く作られてきたことはすでに見たとおりである．

表11.3のメチシリンはその代表例であるが，このメチシリンにも耐性を示す菌が出現している．抗生物質は人類の生存にとって非常に大きい役割を果たしてきたが，耐性菌との戦いはこれからも続くだろう．

11.5.3 その他の抗生物質

抗生物質にはペニシリン類のほかいろいろある．β-ラクタム構造を持つものとしてはセファロスポリン（11.7）がある．構造の異なるものには，4環構造のテトラサイクリン類（11.8），糖の構造を持つストレプトマイシン（11.9），大環状ラクトン構造を持つマクロライド系（例：11.10）などがある．

セファロスポリン類（R^2＝OAc，Y＝H）
セファロマイシン類（R^2＝OCONH$_2$，Y＝OCH$_3$）

11.7 セファロスポリン類

X＝OH，Y＝H　塩酸テトラサイクリン
X＝OH，Y＝OH　塩酸オキシテトラサイクリン
X＝H，Y＝OH　塩酸ドキシサイクリン

11.8 テトラサイクリン類

11.9 ストレプトマイシン

A：R₁＝OH, R₂＝CH₃　C：R₁＝OH, R₂＝H
B：R₁＝H,　 R₂＝CH₃　D：R₁＝H,　 R₂＝H

11.10　エリスロマイシン

このように多様な構造の化合物がどれも抗菌作用を示すことは興味深い．作用機序はいずれも細菌のタンパク質の合成の阻害にかかわるものが多い．こうした異なるタイプの抗生物質の利用は耐性菌の出現を避けるためにも重要である．

11.6　抗ヒスタミン剤

　医薬の中で最もなじみ深いのは風邪薬であろう．しかし，サルファ剤も抗生物質も風邪の原因になるウイルスには効かず，風邪薬は対症療法のための薬である．風邪薬に必ず入っているものには解熱鎮痛剤，抗ヒスタミン剤，鎮咳剤などがある．

　抗ヒスタミン剤はその名の通りヒスタミンに抗してその作用を妨げる薬である．ヒスタミンの作用はホルモンに似ている．ホルモンはある特定の器官で産生分泌され，そのホルモンに感受性のある組織細胞に到達してその生理機能を調節する．これに対して，特定の器官で産出されるのでなく種々の組織細胞で必要に応じて産出され，その場で局所的に機能を営む物質をオータコイド（autacoid）と呼んでいる．ヒスタミンはオータコイドの代表的なものである．その作用は，消化管や気管支などの平滑筋を収縮させ，循環器系

に対しては細動脈の拡張などの作用を及ぼす．また胃液の分泌を促進し，知覚神経を刺激して皮膚の掻痒感を誘発する．

11.6.1　ヒスタミンの作用機序

これらのヒスタミンの生理作用は，すべて標的臓器の細胞膜に存在する受容体を介して発現する．ヒスタミン受容体は香り物質の受容体と同じくタンパク質である．

ヒスタミンは式 11.8 のようにイミダゾール基と第一級アミノ基を持ち，L-ヒスチジンの脱炭酸により生合成される．

$$\text{L-ヒスチジン} \longrightarrow \text{ヒスタミン} \quad (\text{式 11.8})$$

ヒスタミンは水中では pH に依存して二種類のイオン構造を取るが，pH 7〜8 の範囲ではモノカチオンとなり，これが活性な構造であると考えられている（式 11.9）．

$$\text{ジカチオン} \underset{\text{pH 5.80}}{\rightleftarrows} \text{モノカチオン} \underset{\text{pH 9.40}}{\rightleftarrows} \text{非荷電塩基} \quad (\text{式 11.9})$$

（窒素原子の名称　τ：tele，π：pros）

1937 年に消化管や気管支平滑筋に対するヒスタミンの収縮作用に対して強力な拮抗作用を示す抗ヒスタミン薬（表 11.4（後出）のジフェンヒドラミン）が見出されたが，これは胃液分泌作用や子宮筋弛緩作用などには拮抗作用を示さなかった．その後別のヒスタミン誘導体が心拍数増加作用，子宮筋弛緩作用，胃液分泌亢進作用を示すことが見出され，ヒスタミン受容体には二種類，H_1 と H_2 があると考えられるようになった．ヒスタミンと受容体の

結合様式は二種類の受容体で異なっているとされるが，作用機構の研究がより進んでいる H_2 受容体の場合を図 11.9 に示す．

ヒスタミンはモノカチオン型（式 11.9 参照）で受容され，イミダゾール基は側鎖置換基のオルト位（3 位）の非共有電子対を持った窒素原子で受容体に結合する．これが受容体を刺激し，環状 AMP が情報伝達物質として放出されて細胞内に情報を伝達し，反応が引き起こされる．

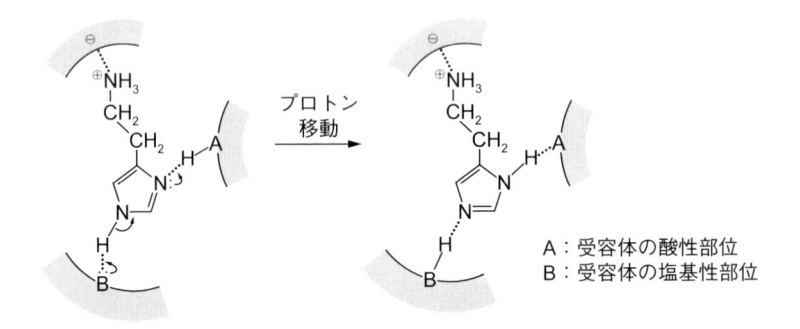

A：受容体の酸性部位
B：受容体の塩基性部位

図 11.9　ヒスタミンと受容体の結合

11.6.2　抗ヒスタミン剤

抗ヒスタミン剤の薬理作用は，ヒスタミンが結合する特異的な受容体をふさいでヒスタミンの働きを妨害することである．

1）H_1 受容体拮抗薬

H_1 受容体に拮抗する抗ヒスタミン剤の代表的なものを表 11.4 に示す．大部分は表の冒頭の一般式に示すように $X-CH_2-CH_2-N$（$X=O, N, C$）の構造を共通に持っている．一般式の A_1，A_2 はフェニル基などの疎水性部分であり，R_1，R_2 は多くの場合短鎖アルキル基で，窒素原子はイオン化されて親水性部分となり，受容体に結合してヒスタミンに拮抗する（図 11.9 参照）．疎水性部分は H_1 受容体に近接した細胞膜の疎水領域と結合すると考えられる．H_1 受容体拮抗薬にはアレルギー疾患の治療に用いられるものが多い．

表11.4 ヒスタミンH_1拮抗薬(谷田 博,1989[6])

一般式 $\begin{matrix}A_1\\A_2\end{matrix}$ X—CH$_2$—CH$_2$—N$\begin{matrix}R^1\\R^2\end{matrix}$

1) アミノエタノール型 (X = O)

ジフェンヒドラミン

カルビノザミン

2) エチレンジアミン型 (X = N)

トリペレナミン

フェネタジン

3) プロピルアミン型 (X = C)

クロルフェニラミン

トリメプラジン

4) その他

ホモサイクリジン

クレミゾール

2）H_2受容体拮抗薬

H_2受容体拮抗薬は表11.5の一般式に示すような構造を持っている．

Aはヘテロ5員環のものが多いが，この部位にはイミダゾール基のような塩基性と芳香族性が必要であることが示唆されている．Yには電子求引基が結合して側鎖の塩基性を下げ，N上の電荷をなくすことが効果発現に重要であるといわれている．

表11.5　ヒスタミンH_2拮抗薬（谷田　博，1989[6]）

一般式　$A-CH_2-X-CH_2-CH_2-NH-\underset{\underset{Y}{\|}}{C}-N\begin{smallmatrix}R^1\\R^2\end{smallmatrix}$

A：オルト位に非共有電子対をもったNまたはOのある塩基性ヘテロ環．
X：多くの場合においてS（ブリマミドのみCH_2）．
Y：電子求引性置換基がつき，電荷をもたない．
R^1, R^2：短鎖アルキル．この部位での疎水性上昇は拮抗薬としての活性を上昇させる．

ブリマミド

メチアミド

シメチジン

ラニチジン

チオチジン

ファモチジン

エチンチリン

11.6 抗ヒスタミン剤

H_2受容体拮抗薬の作用で特に重要なのは胃酸分泌抑制作用である．胃・十二指腸潰瘍の治療薬として使われる．初期に作られたブリマミドには十分な効果がなかったが，その後ヒトに経口投与して強い胃酸分泌抑制作用を示すメチアミドが発見された．しかしこれには副作用があり開発は断念されたが，構造式の中で毒性の原因とされたチオ尿素基をシアノグアニジノ基に置き換えたシメチジンが合成され，さらによい抗潰瘍薬を求めて表11.5に示すような化合物が開発されてきたのである．

11.6.3 抗ヒスタミン剤の合成

H_1拮抗薬では代表的なジフェンヒドラミン（式11.10）とクロルフェニラミン（式11.11），H_2拮抗薬ではシメチジン（式11.12）の合成経路を示す．

$$\text{ベンズヒドリルブロミド} + HOCH_2CH_2N(CH_3)_2 \xrightarrow{Na_2CO_3} \text{ジフェンヒドラミン} \quad CHO(CH_2)_2N(CH_3)_2$$

（式11.10）

ベンズヒドリルブロミドとジメチルアミノエタノールを縮合させ作る．

$$\text{(式 11.11 クロルフェニラミン合成経路)}$$

（式11.11）

p-クロロフェニルアセトニトリルと2-ブロモピリジンをナトリウムアミド触媒で縮合し，これにジメチルアミノエチルクロリドを縮合，ついで加水分

解後，脱炭酸する（式 11.11）．

$$
\begin{aligned}
&\text{CH}_3\text{COCHCOOC}_2\text{H}_5 \xrightarrow[\text{H}_2\text{O}]{\text{HCONH}_2} \text{(4-methyl-5-ethoxycarbonylimidazole)} \longrightarrow \text{(4-methyl-5-hydroxymethylimidazole)} \\
&\xrightarrow[\text{HCl}]{\text{HSCH}_2\text{CH}_2\text{NH}_2} \text{(imidazole-CH}_2\text{-S-CH}_2\text{-CH}_2\text{-NH}_2\text{)} \\
&\xrightarrow{\text{CH}_3\text{S-S-C(=NCN)-SCH}_3} \text{(imidazole-CH}_2\text{-S-CH}_2\text{-CH}_2\text{-NH-C(=NCN)-SCH}_3\text{)} \\
&\xrightarrow{\text{CH}_3\text{NH}_2} \text{シメチジン} \quad (\text{式 11.12})
\end{aligned}
$$

最初の段階はイミダゾール環形成の代表的な反応である．

11.7　アスピリン－解熱鎮痛剤

抗ヒスタミン剤とともに風邪薬に必ず入っているのは解熱・鎮痛・消炎剤であり，その代表がアスピリン（アセチルサリチル酸）（図 11.10）である．
　古くから柳の樹皮の煎じ汁が熱を下げ痛みを和らげることが知られていたが，その有効成分はサリチル酸であることが分かった．この名はヤナギ属の *Salix* から来ている．しかしサリチル酸はかなり強い酸性で，飲むと口や胃の中が荒れる．これを改良して副作用を減らしたのがアスピリンである．アスピリンは血液中では急速に脱アセチル化されてサリチル酸になる．アスピリンは 1899 年にドイツのバイエル社により工業化された．その後多くの種類の改良薬が作り出された（図 11.10）．

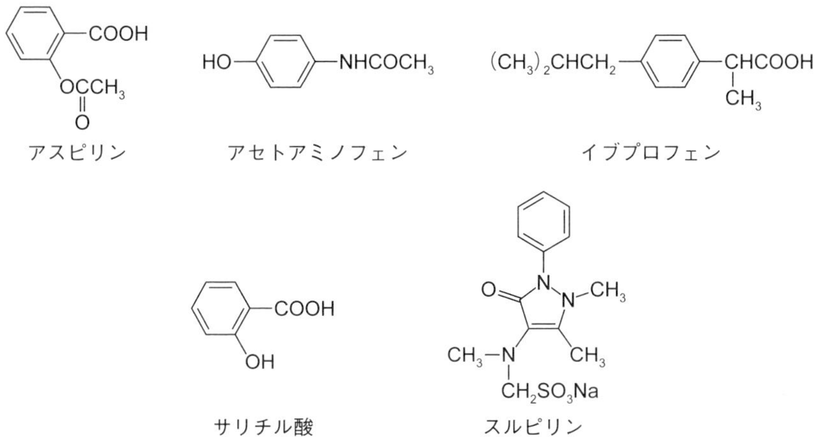

11.7 アスピリン－解熱鎮痛剤

図11.10 いくつかの解熱鎮痛剤とサリチル酸の分子構造

アスピリンはベンゼンから出発し，フェノール，サリチル酸を経てそのアセチル化により合成される（式11.13）．

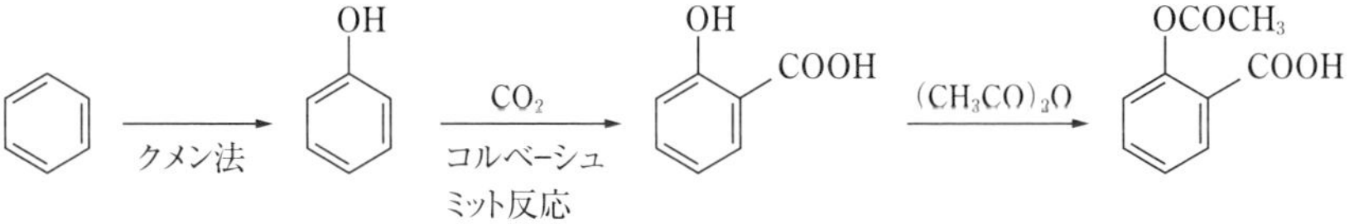

(式11.13)

アスピリンの作用機序については従来からさまざまの説があったが，現在では発熱・発痛・炎症の媒介物質であるプロスタグランジンの生合成阻害作用によって説明されている．プロスタグランジンはヒスタミンと同様にオータコイド（局所ホルモン）の仲間である．もと前立腺（prostate gland）から見出されたのでこの名がある．多くの種類があるが基本的な構造は例に挙げた11.11に似ている．

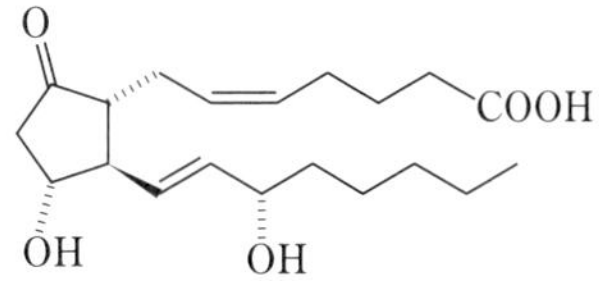

11.11 プロスタグランジン E_2

プロスタグランジンには平滑筋に対する作用，血小板凝集に対する作用など多様な生理活性があり，たとえば分娩誘発剤，循環器疾患治療薬などとして用いられる．

一方，アスピリンやイブプロフェンのような抗炎症剤（図 11.10）はプロスタグランジンの生合成を抑制する．言い換えると，アスピリンには血小板凝集抑制作用があって血栓防止剤として使われることになり，古い薬は新しく見直されることになった．

11.8　ピレスロイド系殺虫剤

殺虫剤の中で日常生活に関係が深いのは，蚊取り線香に使われる除虫菊（シロバナムシヨケギク）の花の成分ピレスリン（ピレトリン）と，その類似物ピレスロイドである（語尾の oid は「似たもの」の意）．活性は昆虫の神経の伝達を阻害することに基づき，急な落下効果を示す．人畜に対する毒性は低い．

11.8.1　ピレスリン類の化学構造

除虫菊の花に含まれる殺虫有効成分であるピレスリン類の化学構造は，2種類の酸と3種類のアルコールからなる合計6種類のエステルである．両部分の構造を図 11.11 に示す．酸の部分は特徴のある3員環の構造を持っている．これら6種の化合物のうち殺虫成分の中で含量が多いのは菊酸とピレスロロンから成るシネリン I（35 %）と，ピレスリン酸とピレスロロンから成るピレスリン II（32 %）である．殺虫力はピレスリン I が最も強い．

天然の菊酸，ピレスリン酸のシクロプロパン環に結合する二つの置換基に関してシス型とトランス型があり得る．またそこには二つの不斉炭素原子があるが，天然の菊酸，ピレスリン酸は $1R$-トランス型のみであり，他の異性体は含まれていない（図 11.12）．

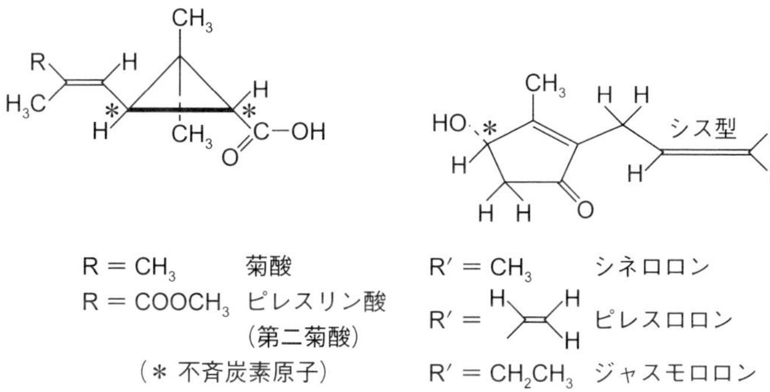

11.8 ピレスロイド系殺虫剤

R = CH₃　菊酸
R = COOCH₃　ピレスリン酸
　　　　　（第二菊酸）
（＊不斉炭素原子）

R' = CH₃　シネロロン
R' = $\overset{H}{\underset{H}{C}}=\overset{H}{\underset{H}{C}}$　ピレスロロン
R' = CH₂CH₃　ジャスモロロン

図 11.11　天然ピレスリン類の化学構造

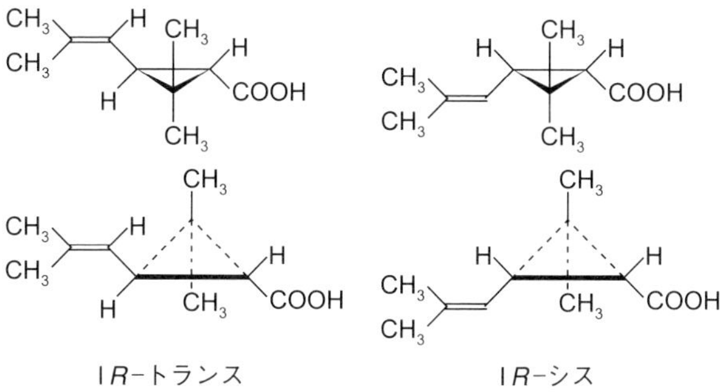

1R-トランス　　　　　1R-シス

図 11.12　菊酸とその異性体

後述するように，より効果が高く安全な物質を求めて天然のピレスリンの構造を基にして多くの種類の合成物が作り出されてきた．これらを総称してピレスロイドと呼ぶ．

11.8.2　ピレスロイドの作用機序

ピレスリン類は昆虫の神経の伝達を阻害する．動物の神経系は外的・内的刺激の受容，認識，さらにそれらに対する応答のために必要な機構である．それは中枢神経系（昆虫では脳とそれに続く腹部神経節），知覚神経，運動神経，自律神経系を含む末梢神経系から成る．これらすべての神経系はニュー

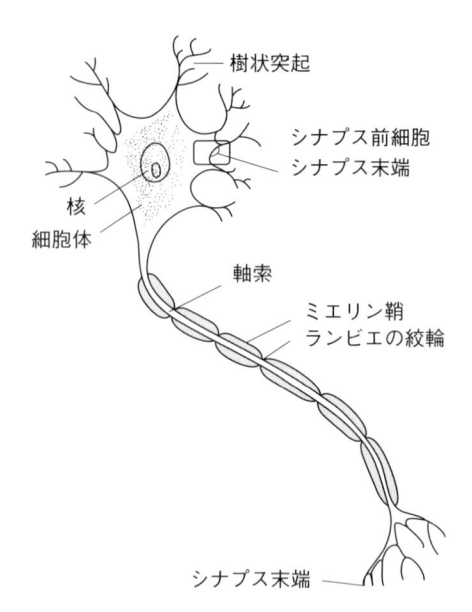

図 11.13 神経細胞（ニューロン）の模式図

ロンと呼ばれる神経細胞から構成される（図 11.13）．

ニューロンには細胞体から伸びた数本から数十本の樹状突起と，軸索と呼ばれる一本の長い（1 mm から 1 m 以上にも及ぶ）線維が付いている．樹状突起は他の神経細胞からシグナルを受け，軸索は別の細胞にシグナルを伝える．それぞれのニューロンはシナプスと呼ばれる間隔で隔てられている．シグナルはニューロンの内部では電気的刺激として細胞壁に沿って迅速に伝わる．シナプスの末端ではこのとき起こる電位変化によって神経化学伝達物質が放出され，これが間隙を通して拡散し，次の細胞の電位変化を引き起こす．細胞膜の内外ではナトリウムイオン，カリウムイオンの濃度差による電荷分布の相違によって電位差（膜電位）を生じている．

一般に細胞膜は脂質で構成されており，これをイオンが通過するためには膜の中にある特別なタンパク質の持つチャネルを通過しなければならない．膜電位が変化するとそのゲート（水門）が開かれ，ナトリウムイオンやカリ

ウムイオンを通す．それらの開閉のバランスで刺激の伝達が行われる．

今日ではピレスロイドがナトリウムイオンチャネルに作用していることがほぼ明らかになっている．ピレスロイドはナトリウムイオンチャネルに作用してその開閉を乱し，正常な刺激の伝達を妨害していると考えられている．

11.8.3 ピレスロイドの合成

ピレスロイドの酸部分である菊酸の合成は，天然物とは全く関係のない原料から出発して行われる（式 11.14）．

(式 11.14)

$1R$-, $1S$-, シス, トランス, 菊酸

第11章 医薬と農薬

アセトンとアセチレンを縮合させて得たジオールを水素化，脱水して作ったジエンにジアゾ酢酸エステルからのカルベンを付加させてシクロプロパン環をつくる．このときシス，トランスの異性と不斉炭素の立体配置の制御が問題になる．菊酸の不斉合成はシクロプロパン化の銅触媒に光学活性配位子を使うことによって成功した (11.12)．

配位子は光学活性アミノ酸から誘導される．各種のピレスロイドは菊酸のクロリドとアルコールを，たとえば第三級アミンの存在下で脱塩酸して合成することができる．

11.12 光学活性銅錯体

天然のピレスリン類の構造が決定されたのと並行して，より合成しやすく，殺虫力が強く，作用に特徴があるもの（たとえば害虫の種類）を求めて構造改変の努力がつみ重ねられた．1960年代には主としてアルコール側の構造を修飾したものが多く開発された．1970年代に入って酸側を構造修飾したピレスロイドが多く合成されるようになり，それまでの欠点であった光と酸素に対する不安定さが克服され，家庭用から農業用への展開が図られるようになった．これらの例を11.13～11.16に示す．

11.13 ペルメトリン（アデイオン）

11.14 シペルメトリン（アグロスリン）

11.15 フェンプロパトリン（ロディー）

11.16 フェンバレレート（スミサイジン）

このように，ピレスロイドの作用に必須と長く考えられていた3員環を持たないものさえ現れた．

これらの中にはアルコール側が α-シアノフェノキシベンジルアルコールの例がいくつかある．このアルコールの光学活性体は相当するアルデヒドへのシアン化水素の不斉付加（不斉シアノヒドリン合成）によって合成できる（式11.15）．

$$\text{OHC}-\text{C}_6\text{H}_4-\text{O}-\text{C}_6\text{H}_5 + \text{HCN} \xrightarrow{\text{酵素または} \atop 11\cdot17} \text{HO}-\overset{*}{\text{CH}}(\text{CN})-\text{C}_6\text{H}_4-\text{O}-\text{C}_6\text{H}_5$$

(式11.15)

アルデヒドへのシアン化水素の不斉付加は，酵素オキシニトリラーゼ，または環状ジペプチド（11.17）を触媒として起こる．後者は「有機触媒」（金属元素を含まない）の草分けの一つである．

11.17 環状ジペプチド

11.13～11.16のような化合物は大幅な構造の改変にもかかわらず，殺虫剤としての作用特性や作用機構の研究から，依然としてピレスロイドの特徴を備えている．

11.9 有機リン系殺虫剤

有機リン系農薬は，農薬の代表的なグループの一つである．その歴史は古く，1930年代初めのリン酸フルオリド $(\text{RO})_2\text{P(O)F}$ が少量でも人体に強い作用を示すことの発見に端を発している．「その蒸気はよい匂いを持ち，吸入して数分経つと喉頭に強い圧迫感をおぼえ，息苦しくなる．次に目は光に

苦痛を感じ，視力の減退が起こる．数時間後にはこれらの症状は消失するが，その作用はごく少量でも起こる」というのである．ドイツの化学会社がこの報告に注目し，この化合物が極めて強い殺虫力を示すことを見出し，その後世界中で多くの有機リン化合物の合成，殺虫剤としての系統的な検討が行われた．現在では数多くの殺虫剤が実用化されている．

　有機リン化合物は，5価のリン原子を持つリン酸エステル類が主なもので，硫黄原子を含むもの，酸アミド型のものなど，図11.14の5種の基本形に分類できる．これらのリン化合物はすべて五硫化二リン，チオ塩化リン，三塩化リン，オキシ塩化リンを原料として合成される（図11.15）．

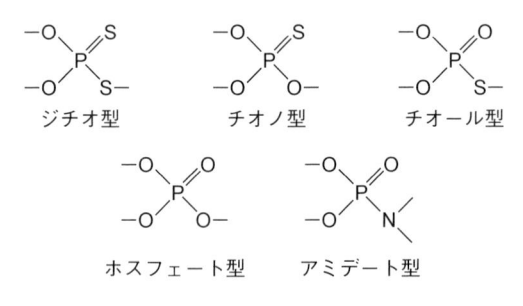

ジチオ型　　　チオノ型　　　チオール型

ホスフェート型　　アミデート型

図11.14　有機リン農薬の基本骨格

P_2S_5　　五硫化二リン　チオ塩化リン　三塩化リン　オキシ塩化リン

図11.15　有機リン化合物の原料

種々の有機リン農薬とその合成経路については後の11.9.2項に述べることとし，ここでは三つの農薬の例（11.18〜11.20）を掲げるにとどめる．

11.9 有機リン系殺虫剤

$$(C_2H_5O)_2P(S)O\text{-}C_6H_4\text{-}NO_2$$

11.18 パラチオン

$$(CH_3O)_2P(S)\text{-}S\text{-}CH(COOC_2H_5)CH_2COOC_2H_5$$

11.19 マラチオン
　　　（マラソン）

$$(CH_3O)_2P(S)O\text{-}C_6H_3(CH_3)\text{-}NO_2$$

11.20 フェニトロチオン
　　　（スミチオン）

かつてはパラチオンのように殺虫力は高いが人畜に対する急性毒性も高く，散布中や誤用での中毒事故も少なくないものが使われていた．その後，毒性が低く，散布して効果を発揮した後に分解して環境中からなくなりやすいものを求めて開発が行われ，マラチオンやフェニトロチオンが作り出された．

11.9.1 有機リン系殺虫剤の作用機序

有機リン系殺虫剤の機能は，動物の神経系における情報の伝達を阻害することである．11.8.2項で説明したように，神経細胞の間隙（シナプス）の末端では電位変化によって神経化学伝達物質が放出され，これが間隙を通して拡散し，次の細胞の受容体と結合して電位変化を引き起こす．この伝達物質の代表的なものがアセチルコリン (11.21) である．

$$CH_3COCH_2CH_2\overset{+}{N}(CH_3)_3$$

11.21 アセチルコリン

アセチルコリンはシナプスに迅速に拡散するとともに，用が済めばすぐに除かれなければならない．そうでないと神経細胞は興奮したままになり，正常な刺激の伝達が乱されるからである．この用済みのアセチルコリンを除く働きをするのが酵素アセチルコリンエステラーゼである．この酵素はアセチルコリンを迅速に加水分解する（式11.16）．

$$CH_3COCH_2CH_2\overset{+}{N}(CH_3)_3 + H_2O \xrightarrow{酵素} CH_3COOH + HOCH_2CH_2\overset{+}{N}(CH_3)_3 \quad (式11.16)$$

アセチルコリン　　　　　　　　　　　酢酸　　　　コリン

有機リン系農薬のマラチオンはこの酵素に含まれるセリンの水酸基をリン酸化し，その作用を失わせる（式11.17）．

$$\text{HO—CH}_2\text{—酵素} + \underset{\text{マラチオン}}{(\text{MeO})_2\text{P(S)SCHCOOEt·CH}_2\text{COOEt}} \longrightarrow \underset{\substack{\text{OH 基をふさがれた}\\\text{エステラーゼ}}}{(\text{MeO})_2\text{P(O)OCH}_2\text{—酵素}} \quad \text{(式 11.17)}$$

しかしマラチオンの代謝経路は哺乳類と昆虫とでかなり異なるので，動物には毒性が低い．

11.9.2 有機リン系農薬の合成

多くの種類があるがいくつかの例を挙げる．

1）ジチオ型化合物

五硫化二リンはアルコール類と反応してジチオリン酸を生成する（式 11.18）．

$$P_2S_5 + 4\,ROH \longrightarrow 2\,\underset{\text{ジチオリン酸}}{(RO)_2P(S)SH} + H_2S \quad \text{(式 11.18)}$$

これは農薬の原料として最も重要である．二重結合に付加するとジチオリン酸エステルが生成する（式 11.19）．

$$(\text{CH}_3\text{O})_2\text{P(S)SH} + \underset{}{\overset{\text{—COOC}_2\text{H}_5}{\underset{\text{—COOC}_2\text{H}_5}{\|}}} \longrightarrow \underset{\text{殺虫剤マラチオン}}{(\text{CH}_3\text{O})_2\text{P(S)S—CHCOOC}_2\text{H}_5\text{·CH}_2\text{COOC}_2\text{H}_5} \quad \text{(式 11.19)}$$

ジチオリン酸のアルカリ金属塩とハロゲン化アルキルとの反応によっても，ジチオリン酸エステルが得られる（式 11.20）．

11.9 有機リン系殺虫剤

$$(CH_3O)_2P(=S)SNa + ClCH_2CONHCH_3 \longrightarrow (CH_3O)_2P(=S)S-CH_2CONHCH_3 \quad (式\ 11.20)$$

浸透性殺虫剤ジメトエート

2）チオノ型化合物

ジチオリン酸は塩素と反応してチオリン酸クロリドになる．これはチオノ型エステルの合成の原料となる（式 11.21）．

$$(C_2H_5O)_2P(=S)SH + 2\,Cl_2 \longrightarrow (C_2H_5O)_2P(=S)Cl + SCl_2 + HCl \quad (式\ 11.21)$$

ジチオリン酸　　　　　　　チオリン酸クロリド

このチオリン酸クロリドはチオ塩化リンからも合成できる（式 11.22）．

$$Cl_3P(=S) + 2\,C_2H_5OH \xrightarrow{\text{三級アミン}} (C_2H_5O)_2P(=S)Cl \quad (式\ 11.22)$$

チオリン酸クロリドは種々のフェノール，ヘテロ環式アルコール類と反応して，チオノ型エステルとなる（式 11.23, 11.24）．

$$(CH_3O)_2P(=S)Cl + HO\text{-}C_6H_3(CH_3)(NO_2) \xrightarrow{\text{アルカリ存在下}} (CH_3O)_2P(=S)O\text{-}C_6H_3(CH_3)(NO_2) \quad (式\ 11.23)$$

殺虫剤フェニトロチオン，MEP
（スミチオン）

$$(CH_3O)_2P(=S)Cl + HO\text{-pyrimidine} \longrightarrow (C_2H_5O)_2P(=S)O\text{-pyrimidine} \quad (式\ 11.24)$$

殺虫剤ダイアジノン

3）ホスフェート型化合物

ホスフェート型化合物はリン酸クロリドと各種アルコール，フェノール類との反応によって合成される（式11.25）．

$$\text{(CH}_3\text{O)}_2\text{P(S)Cl} + \text{CH}_3\text{-C(ONa)=CHCONHCH}_3 \longrightarrow \text{(CH}_3\text{O)}_2\text{P(S)OCH=C(CH}_3\text{)CONHCH}_3$$

殺虫剤モノクロトホス

（式11.25）

またトリアルキルホスファイトとある種のハロゲン化合物からも合成できる（式11.26）．

$$\text{(CH}_3\text{O)}_2\text{POCH}_3 + \text{Cl}_3\text{C-CHO} \longrightarrow \text{(CH}_3\text{O)}_2\text{P(O)O-CH=CCl}_2$$

トリメチルホスファイト　　　殺虫剤ジクロルボス（DDVP）

（式11.26）

ホスホネート型のハイドロジェンホスホネートは反応性に富み，種々のリン酸エステルの原料になる．アルデヒドと縮合すると α-ヒドロキシホスホネートができる（式11.27）．

$$\text{(CH}_3\text{O)}_2\text{P(O)H} + \text{Cl}_3\text{C-CHO} \longrightarrow \text{(CH}_3\text{O)}_2\text{P(O)CH(OH)CCl}_3$$

ハイドロジェン
ホスホネート

殺虫剤トリクロルホン
（ディプテレックス）

（式11.27）

トリクロルホンは生物体内でジクロルボスに変換され殺虫作用を示す．

ところで，5価のリン原子は炭素原子と同様に四面体構造を持っているため，不斉リン原子が生じ，光学活性体がある．チオール型パラチオン（図11.16）はその例であり，二つの光学異性体は生物に対する活性が異なる．

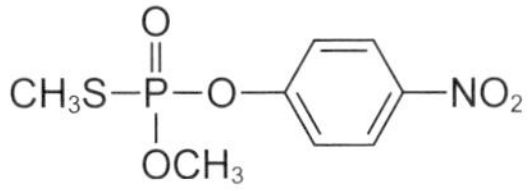

チオール型パラチオン

d-型 融点 43 ℃ 　　　　l-型 融点 43 ℃
$[\alpha]_D = +35.6°$ 　　　$[\alpha]_D = -35.6°$
ラットに対する経口毒性　ラットに対する経口毒性
LD_{50} 135 mg/kg　　　LD_{50} 25 mg/kg

図 11.16　リン(V) による不斉

11.10　有機塩素系農薬

　有機塩素系農薬はかつては農薬の代表的な存在であった．広い範囲の害虫に有効であり，ヒトに対する急性毒性が低いため，農業用，防疫用の殺虫剤として大きく貢献した．しかし長年の使用による薬剤抵抗性害虫の出現や，難分解性，蓄積性，魚類・鳥類に対する毒性のため，殺虫剤としてはその地位を他のグループの化合物に譲りつつある．日本における有機塩素系農薬の多量使用は1971年にほぼ終息した．しかしかつての貢献は忘れられてはならない．

11.10.1　DDT

　有機塩素系殺虫剤のパイオニアともいえるのはDDT (p, p'-ジクロロジフェニルトリクロロエタン) である (式 11.28)．

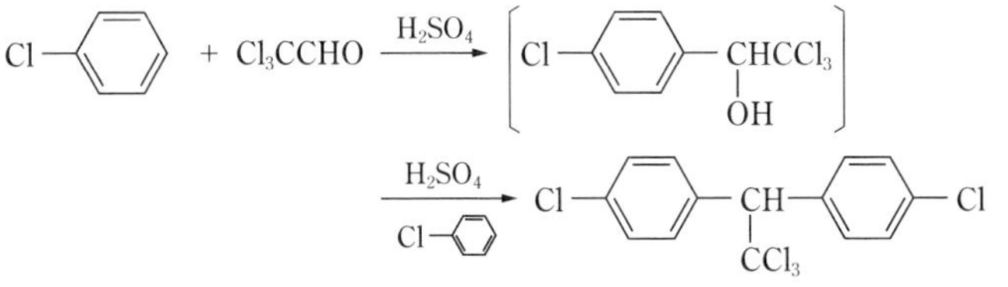

(式 11.28)

1938年にその優れた殺虫効力が見出されて蚊の駆除など衛生面で重用され，熱帯で蚊が媒介して流行するマラリアが激減した．DDTの作用点はピレスロイドと同じくナトリウムイオンチャネルであると考えられている．

DDTの発見者のミュラー（D. H. Muller）はこの功績で1948年にノーベル医学生理学賞を受けた．イネの害虫防除など農業用にも使われるようになり，食料の増産に貢献した．しかしその後，大量に使われて環境に流出したDDTは分解されにくく，生物の食物連鎖を経て濃縮されていき，魚や鳥に害が及ぶことが分かり，ヒトへの影響も危惧されるようになって，多くの国でDDTの使用は禁止されることになった．一方DDTの使用削減によってマラリアの発生は増えているといわれる．

11.10.2　その他の有機塩素系殺虫剤

有機塩素系殺虫剤にはほかにBHC（ベンゼンヘキサクロリド；1, 2, 3, 4, 5, 6-ヘキサクロロシクロヘキサン）がある．ベンゼンの紫外光による塩素化で合成される（式11.29）．7種の立体異性体がありうるが，γ体（図11.17）が殺虫成分の主体である．

$$\text{C}_6\text{H}_6 + 3\,\text{Cl}_2 \xrightarrow{h\nu} \text{C}_6\text{H}_6\text{Cl}_6 \qquad (式11.29)$$

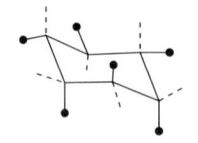

図11.17　γ-BHCの立体構造
　　●は塩素

BHC以外に高度に塩素化された炭化水素で，環状ジエンと呼ばれる一群がある．これらはディールス-アルダー反応を用いて合成される（式11.30）．

(式 11.30)

11.10.3　有機塩素系除草剤

　ペンタクロロフェノール (**11.22**) は植物に対する作用が強いために除草剤として利用されてきたが，水生生物に対する毒性のため今は使われない．

　2,4-ジクロロフェノキシ酢酸 (2,4-D：**11.23**) は植物ホルモン作用 (成長促進) が強く，高濃度で使用すると広葉雑草のみを枯らすことが分かり，この系統の化合物の多くが除草剤として利用されるようになった．

11.22　ペンタクロロフェノール　　**11.23**　除草剤 2,4-D　　**11.24**　除草剤 2,4,5-T

　その誘導体の 2,4,5-T (**11.24**) も有効な除草剤である．しかしこれがベトナム戦争の枯葉作戦のためにアメリカ軍によって大量に散布され，多くの

2,3,7,8-TCDD

11.25 ダイオキシン

奇形児の誕生などの悲惨な結果をもたらした．使われた 2,4,5-T の中に製造工程で生じた微量の不純物としてダイオキシン (**11.25**) が含まれていて，この結果をもたらしたと考えられている．2,4,5-T は使用禁止になっている．

第 12 章　有機工業化学と環境
－製造プロセスと製品

　有機工業化学製品ができるまでの資源→中間原料→目的物質の流れを「内側」とすれば，その「外側」には製造工程における排気，排液，排固体がある．また目的物質（材料）から作られた製品は使用・消費された後いずれは廃棄されるのであり，その処理も重要である．そこではごみの処理，リサイクル，目に見えない廃棄物としての大気汚染物質，また二酸化炭素がある．

　これまで，有機工業化学製品ができるまでを資源→中間原料→目的物質の流れに沿って説明してきた．ここでの目的物質は実用される最終製品にとっては材料であり，材料が加工され，組み立てられることによって製品になる（図 12.1）．

　この一連の過程を製造の「内側」とすれば，「外側」にはこれらの物質変換，

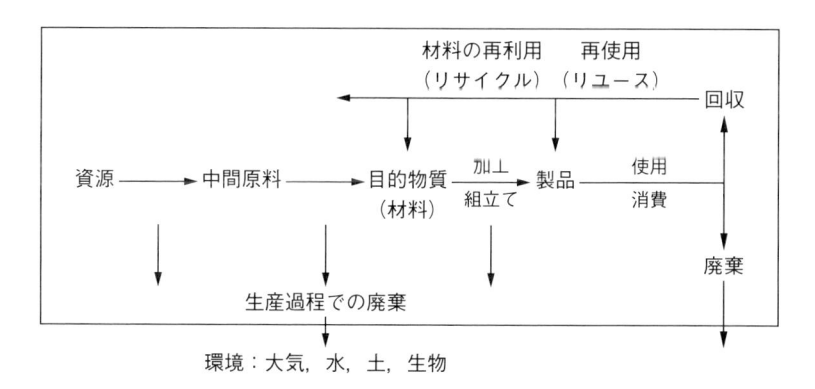

図 12.1　生産と使用の内と外

加工，組み立ての過程で生じる，目的そのものにとっては不要な，排気，排液，排固体がある．また製品は使用，消費された後にはいずれは廃棄されるのであり，これも製造から見ると外側の存在である．

本書の冒頭に述べたように，工業的に生産できるにはそれが技術的にだけでなく経済的に可能でなければならないが，ものの生産の長い歴史の間，比較的最近に至るまで，この経済性とは生産の内側についてのことであった．そこで生じる不経済，たとえば生産工程における廃物は特別な考慮もなく排出され，その結果生産量の増大とともに「公害」のような形で外部に不経済をもたらすこととなった．本来支払われるべき社会的費用の外部への転嫁である．この重い経験の上に，最近では排水・排気の浄化の徹底はもとより，廃物を極力外に出さない閉鎖系（クローズドシステム）での生産を考えることが常識となっている．

12.1 製造プロセスの内と外

ここでは化学変化としては最も単純といってよいエチレンからのポリエチレンの製造を例に取ろう．図 12.2 はポリエチレンのような高分子物質の製造工程の基本的な構成を示したものである．反応そのものは重合のところだけであるが，このように前後に多くの工程，装置が必要である．原料工程のところではエチレンから不純物を除き乾燥し，必要に応じて溶媒とともに重合反応器に入れる．この反応には触媒あるいは開始剤が必要であり，これを準備するのが触媒工程である．重合反応のあと生成物のポリエチレンを分離して取り出す．未反応のエチレンや溶媒は回収し，原料のところへ戻す．ポリエチレンは水で洗うなどして触媒の残りかすなどを除き，乾燥し，ふつう小粒状か粉末のポリエチレンを得る．これらの各工程から排気，排水，排液，排固体が出るので，これらを処理する工程がそれぞれ必要である．このように重合反応という「内」のために如何に多くの「外」のプロセスが必要かが分

12.1 製造プロセスの内と外

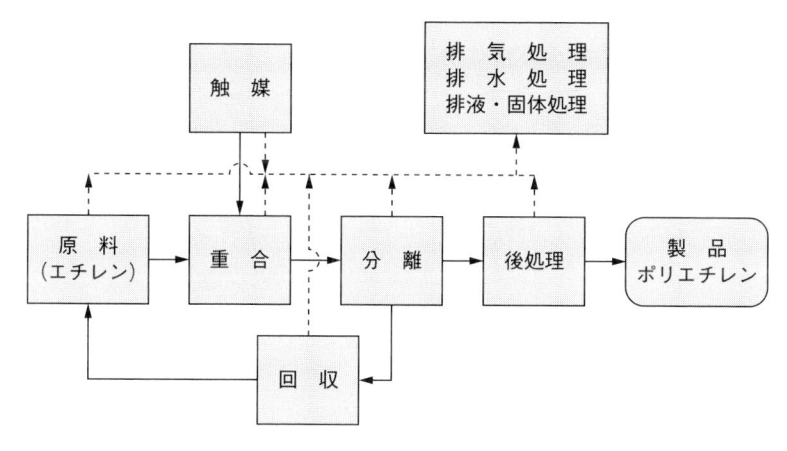

図12.2 ポリエチレンの製造工程のあらまし

　かる．

　図12.2の製造プロセスの前には資源から原料（この場合はエチレン）を作るプロセスがあり，ここでも多くの工程が付随し，さらにおのおのについて回収，廃棄のプロセスがある．また，目的物質のポリエチレンは望みの形，たとえばフィルムに加工し，場合によっては他の材料，部品との組み立て工程を経て実用的な製品になるのであり，加工，組み立ての工程でも廃棄物が生じ，その回収，処理が必要である．

　製造プロセスからの廃棄物をできるだけなくし，原料を無駄にしない，安全な生産プロセスを実現することを目標に，グリーン・サステイナブル・ケミストリーの考え方が提唱されている．グリーン（green）はイメージで，サステイナブル（sustainable）は（社会を）持続できる，の意味である．どれも当然必要なことだが，生産量そのものは増えないことが前提であろう．そうでなければ資源を多く使い，廃棄物を増やすという構造は変わらない．

12.2 製品の使用の内と外

製品は使用，消費された後，いずれはごみになる．生活から出るごみと産業から出る廃棄物について量の多いものの発生源と排出先をまとめたのが**表12.1**である．この中で有機工業化学製品に関連の深いものには，化石燃料，プラスチック，洗剤，農薬がある．範囲を有機物に広げると生ごみ，し尿（いずれも食品から）が入る．洗剤については，排水に入り川や湖に出て分解されにくく泡が消えず，水の汚染をもたらした事例と，それへの対処についてすでに触れた（9.4.1項2）参照）．農薬は散布されたあと残留物，分解物が環境の汚染をもたらす恐れがある．農薬は，医薬と同様に，より有効で安全な物質の研究開発が続けられている．

表12.1 廃棄物の発生源と排出先

排出先＼発生源	生　活	産　業
気　圏	（例）　自動車の排気 　　　　生ごみ・紙・プラスチックの燃焼	（例）　火力発電所の排気 　　　　工場の排気
水　圏	し尿 生ごみの一部 洗剤	産業排水 農薬
地　圏	金属・セラミックス・プラスチック廃棄物 粗大ごみ	固形産業廃棄物

有機工業化学製品からくるごみの中で最も量が多いのは，プラスチックを中心とする高分子材料に由来するものである．

12.3 製品寿命とごみ

ごみはまさに「役に立つもの」の裏側の存在である．役に立つものの使用量，生産量が増えればごみの量は増える．もう一つ重要なのは，ある製品をどのくらいの期間使うかという，製品寿命である．理屈の上では製品寿命が

表12.2 主要プラスチックの製品とその製品寿命推定（佐伯康治，2005）

	製品寿命	1～2年で廃棄(%)	3～5年で廃棄(%)	6～9年で廃棄(%)	10年以上使用(%)	2005年国内出荷量(1,000トン)	用途の50%以上を占める製品
熱可塑性	低密度PE	80	7	4	9	1,575	包装用フィルム・シート
	高密度PE	64	11	12	13	914	包装用容器・フィルム・シート
	ポリプロピレン	48	16	34	2	2,725	包装用容器・フィルム・シート, 自動車
	ポリ塩化ビニル	8	16	7	69	1,404	上下水道用パイプ・継手, 建材, 電線
	ポリスチレン	49	6	20	25	865	包装用フィルム・シート, 電気・電子機器, 日用雑貨
	ABS樹脂	3	26	59	12	322	電気・電子機器
	PMMA	1	5	60	34	146	電気・電子機器 建材, 自動車
	ペット樹脂（除繊維）	49	1	50	0	648	工業用部品 包装用容器・フィルム
	ポリカーボネート	0	8	72	20	282	電気 電子機器 建材, 自動車
熱硬化性	フェノール樹脂	1	9	44	45	262	電気・電子機器 自動車
	ユリア樹脂	17	2	24	57	120	建材（接着材）
上記樹脂全体での割合		44	12	24	20	9,263	上記樹脂合計（84%）
主な用途		包装用フィルム・シート, 包装用容器, トレー, 農業用フィルム, 医療機器など	日用雑貨, 玩具・文具, レジャー用品, 農水畜産資材など	自動車, 電気・電子機器, 事務機器, コンテナーなど	建材, パイプ, 継手, 土木・道路材料, 家電・ケーブル, 家具など	1,724	その他のプラスチック
						10,587	総プラスチック量

PE：ポリエチレン, ABS：アクリロニトリル-ブタジエン-スチレン樹脂, PMMA：ポリメチルメタアクリレート

2倍になれば生産量は半分ですむことになる.

　プラスチックの製品寿命は，その種類，用途によってさまざまである（**表12.2**）．この表から分かるように，包装用のフィルム，シート，容器に使われるプラスチックの製品寿命は実に短い．表では1〜2年で廃棄となっているが，これらのプラスチック製品の中には一時的に使うだけですぐ捨ててしまうものも多い．材料自身の性質が変化して使用に耐えなくなったわけではない．高分子材料は一般に安定な物質である．

　そして，このような使い捨て製品を作るプラスチックの生産量は多い．使い捨てだから生産量が多いともいえる．生産する企業にとっては利潤が上がるが，結果的にごみは増える．消費者にとっての便利さが，ごみの増加をもたらす.

12.4　リサイクルを考える

　プラスチックの包装材料と違って，ビール瓶のように同じ製品を何度も繰り返し使うものもある．これを再使用（リユース）という．これに対して割れたビンを細かくしてガラス片にし，熔かして冷やし再度ガラス製品にするのがリサイクルである．リサイクルは金属（スチール缶やアルミ缶），紙（古紙）について古くから行われている．最近メディアが取り上げるのがプラスチック，とりわけペットボトルのリサイクルである．なぜペットボトルなのか？　そもそもリサイクルの目的は何なのか，環境の保護か，資源の有効利用か？

　表12.2から分かるように，ペットボトルの材料であるPET（ポリエチレンテレフタレート）の生産量はポリエチレンなどに比べれば特に多いわけではない．リサイクルはまずこの表の上の4種類について行う必要がありそうだが，ポリエチレンなどのリサイクルはほとんど進んでいない．ペットボトルのリサイクルがやりやすいのはそれがボトルの形をしていて，他のプラス

チックから分別しやすいからである.

リサイクルの方法にはいろいろあるが，最も単純な方法である「マテリアルリサイクル」の基本的なプロセスを図12.3に示す．リサイクルにはまずプラスチックを種類別に分けることが必要である．多種類のプラスチックの混合物では有用なものに再生できない．産業系，つまりプラスチックの製造，加工を行っている工場の場合には廃物が何であるか分かっているからよいものの，一般家庭では製品の材料が何かが分からないので分別は難しい．

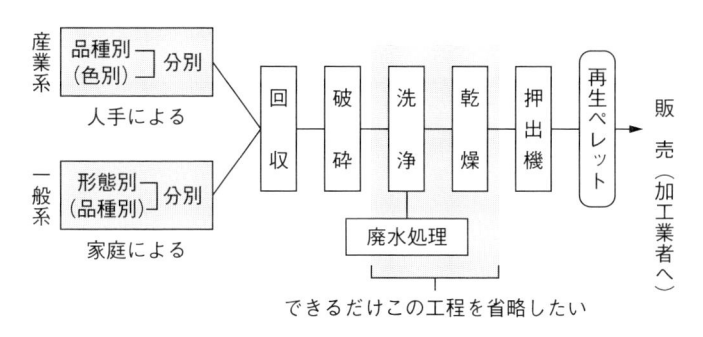

図12.3　廃プラスチックのマテリアルリサイクルの基本プロセス
（高分子学会反応工学研究会レポート，1999[7]）

図12.3から分かるもう一つのことは，つい忘れがちだが，リサイクルにはそのための費用が必要だということである．回収，分別，破砕，洗浄，乾燥等に物質，エネルギー，労働力が必要である．これらを考慮して見積もったリサイクルのコストを表12.3に示す．

このように，再生プラスチックの価格は石油化学原料から合成した新品に比べて相当高い．その中で回収コストが大きい部分を占めている．プラスチックのリサイクルを経済的に成り立たせることは，特別な場合を除いては困難である．もし経済性がマイナスになるリサイクルを社会の必要性からやらなければならないとすれば，その費用を負担する仕組みが社会的に確立されなければならず，そのような政策が人々によって支持されなければならない．

表12.3 プラスチックリサイクルのコストの試算（マテリアル・リサイクル）(佐伯康治, 2001[8])

(円/kg)

	再生処理コスト	回収コスト	合　計	新品価格
発泡PSトレイ（100トン/年）	150	200～400	350～550	PS　150
PVC卵パック（1000トン/年）	80	100～200	180～280	PVC　100
PETボトル（1万トン/年）	120	200～500	320～620	PET　200

PS：ポリスチレン　PVC：ポリ塩化ビニル　PET：ペット

　また，仮に良いシステムができたとしても，リサイクルの必要なものの量が増えれば何をしているのか分からない．ものはなるべく長く使い，捨てるもの（＝消費量＝生産量）を減らす（リデュース）のが本当ではないだろうか．

12.5　目に見えない廃棄物

　表12.1にある自動車，火力発電所，ごみ焼却炉からの排出物の大部分は，有機物の燃焼による二酸化炭素と水である．これらは目には見えないが量は大きい．すでに述べたように，石油のうち有機化学製品の原料として使われるのは10％以下であり，他はほとんどすべて燃料として使われる．大気に出る排出物の大きい部分は化石燃料の燃焼に由来する．

　燃料の使用の結果，濃度は低いが多くの副生成物ができ，大気の汚染をもたらす（**表12.4**）．石油や石炭には硫黄分，窒素分が含まれており，燃焼によって硫黄酸化物（SO_2，SO_3など：SOx（ソックス）），窒素酸化物（NO，NO_2など：NOx（ノックス））が生成する．これらから硫酸，硝酸ができて雨水に含まれ酸性雨の原因になる．自動車のガソリンには硫黄分も窒素分も含まれていないが，エンジンの排気には窒素酸化物が含まれる．それはガソ

12.5 目に見えない廃棄物

表 12.4 大気汚染物質の主な発生源と汚染度

汚染物質	人工発生源	自然発生源	存在比 (汚染空気中/清浄空気中)
SO_2	化石燃料の燃焼	火山	1000
CO	自動車排気	森林火災，海洋	400〜700
NOx	燃焼	土壌中細菌	200
CH_4	液化天然ガス	天然ガス，細菌	1〜1.3
NMHC*	自動車排気，塗料	植物	1000
O_3	NOx，NMHC の光化学反応	成層圏オゾン	25
CO_2	燃焼	生物の分解，海洋	1.3

* NMHC：非メタン炭化水素

リンを燃焼させるための空気中の窒素が同時に酸化されるためである．これを防ぐには燃焼の条件を穏やかにすればよいのだが，そうすると未燃焼のガソリンや不完全燃焼の生成物（一酸化炭素やいろいろの有機物）が排気に含まれて大気を汚染する．光化学スモッグはこれらが原因になって起こる．硫黄酸化物，窒素酸化物の発生を防ぐには，燃料から硫黄分，窒素分を除くの

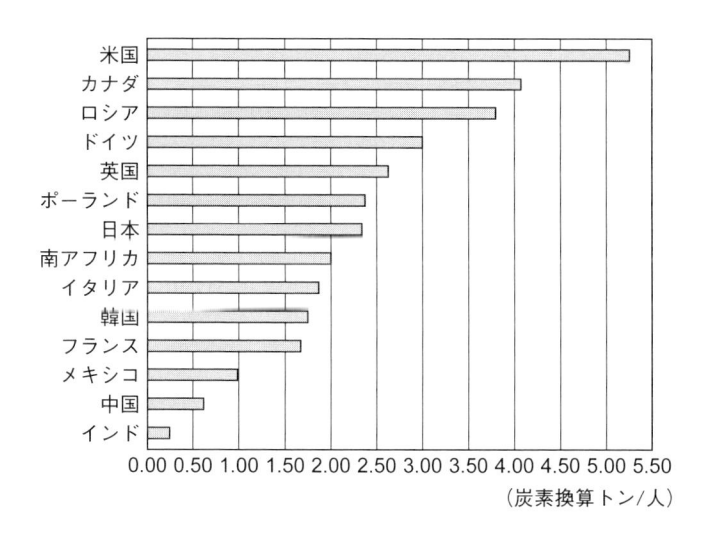

図 12.4 各国の 1 人当たりの CO_2 排出量（1992 年）

と，燃焼後の排気から酸化物を中和などで除くことの二つの方法があり，どちらも実行されている．石油の脱硫についてはすでに述べた（3.6節参照）．

　大気中の二酸化炭素の濃度が増加を続けていることは事実である．これが「地球の温暖化」の原因になるかどうかは議論がある．その議論には各国の「国益」（特定の地域の住民の利益）がかかわっている．各国の化石燃料の消費量から求めた一人当たりの二酸化炭素の排出量には，国によって大きい差がある（図 12.4）．

　ここに見るような生活水準の格差が「持続」することが正当だとは誰も思わないだろう．開発途上国の生活水準が上がればエネルギー資源の消費は増え，先進国のそれが下がらない限り，全体としてのエネルギー消費は増える．それがこれまで増え続けてきたことを考えれば，特に先進国にとって，「今あるものは本当に必要か」と問う政策が人々によって受けいれられる必要があるのではないだろうか．

参 考 文 献

＜全般＞
園田 昇・亀岡 弘 編：『有機工業化学』第2版，化学同人 (1993).
亀岡 弘・井上誠一 編：『有機工業化学－そのエッセンス』裳華房 (1999).
松田治和・野村正勝・池田 功・馬場章夫・野村良紀：『有機工業化学』第2版，化学教科書シリーズ，丸善 (1999).

＜石油・石炭＞
石油学会編：『石油精製プロセス』講談社 (1998).
石油学会編：『石油化学プロセス』講談社 (2001).
木村英雄・藤井修治：『石炭化学と工業』三共出版 (1977).

＜油脂・界面活性剤＞
黒崎富裕・八木和久：『油脂化学入門－基礎から応用まで』S books，産業図書 (1995).
妹尾 学・辻井 薫：『界面活性の化学と応用』新産業化学シリーズ，大日本図書 (1995).
北原文雄・玉井康勝・早野茂夫・原 一郎 編：『界面活性剤－物性・応用・化学生態学』講談社 (1994).

＜染料＞
小西謙三・黒木宣彦：『合成染料の化学』槙書店 (1958).
細田 豊：『新染料化学』技報堂 (1963).
堀口正二郎：『色材入門』米田出版 (2005).

＜香料＞
渡辺昭次：『香料化学入門』培風館 (1998).
湖上国雄：『香料の物質工学－製造・分析技術とその利用』ニューエンジニアリングライブラリー，地人書館 (1995).
佐藤孝俊・石田達也 編著：『香粧品科学』朝倉書店 (1997).

＜医薬・農薬＞

谷田　博・池上四郎・奥　彬：『有機医薬品化学』化学同人（1989）．

宮本純之編：『新しい農薬の科学－食と環境の安全をめざして』広川書店（1993）．

図 表 出 典

1) 園田　昇・亀岡　弘 編：『有機工業化学』第 2 版，化学同人（1993）．
2) G. A. Carlson：*Energy & Fuels*，**6**，771（1992）．
3) 亀岡　弘・井上誠一 編：『有機工業化学－そのエッセンス』裳華房（1999）．
4) Ullmanns Encyclopedia of Industrial Chemisty，VCH（1985）．
5) 宮腰哲雄：高分子，**56**（8），608（2007）．
6) 谷田　博・池上四郎・奥　彬：『有機医薬品化学』化学同人（1989）．
7) 高分子学会反応工学研究会レポート：「ポリマーサイクルの技術とシステム」（1999）．
8) 佐伯康治：『物質文明を超えて－資源・環境革命の 21 世紀』シリーズ 21 世紀のエネルギー，コロナ社（2001）．

演習問題

石油・石炭

[1] 石油留分の接触改質，接触分解の主な目的は何か．
[2] 石油留分の接触改質において特徴的な反応は何か．
[3] 石油留分の接触分解において特徴的な反応は何か．
[4] ガソリン留分（ナフサ）の熱分解において特徴的な反応は何か．
[5] 高オクタン価ガソリンの製造に熱分解があまり適せず，石油化学工業で熱分解が用いられるのはなぜか．
[6] 石油留分の接触分解で精製するオレフィンにはプロピレン，ブテンなどが比較的多く，エチレンの生成が少ないのはなぜか．
[7] ナフサの熱分解でエチレンが多く生成するのはなぜか．
[8] 石油留分の利用において脱硫が必要なのはなぜか．
[9] 石炭は固体なので石油と同じ方法による脱硫は難しい．どんな方法で対処が行われるか，調べてみよ．
[10] 石油と石炭のそれぞれから芳香族化合物を製造する方法の特徴を比較せよ．

有機中間体の製造

[11] 次の化合物を製造する方法をそれぞれ複数挙げよ．
　ⅰ）アセトン
　ⅱ）グリセリン
　ⅲ）酢酸
　ⅳ）フェノール
　ⅴ）プロピレンオキシド
　ⅵ）メタクリル酸メチル
[12] 炭素数1個の原料を用いて炭素－炭素結合を持つ化合物を製造する反応にはどんなものがあるか，説明せよ．

有機化合物の構造と性質

[13] 次に構造式を示す化合物の中に，染料になるものとならないものがある．それらを区別し，理由を説明せよ．

[14] フェノールフタレインは酸塩基滴定の指示薬としてよく知られている．色の変化が起こるのはなぜか．調べてみよ．

[15] 次に構造式を示す化合物の中に，界面活性剤になるものとならないものがある．それらを区別し，理由を説明せよ．

$C_{12}H_{25}COONa$ (1)　　$C_{12}H_{25}COOCH_3$ (2)　　CH_3COONa (3)

(4) ベンゼン–SO_3Na　　(5) $C_{12}H_{25}$–C₆H₄–SO_3Na

$C_{12}H_{25}$—⟨benzene⟩—$O(CH_2CH_2O)_n H$ $C_{12}H_{25}$—⟨benzene⟩—$O(CH_2\overset{CH_3}{C}HO)_n H$

　　　　　　　6　　　　　　　　　　　　　　　　7

[16] 石鹸は硬水の中では洗浄力を示さない．理由を説明せよ．

演習問題の略解

[1] 高オクタン価のガソリンを得るため，直鎖状脂肪族炭化水素を分枝状炭化水素，芳香族炭化水素に変換すること．

[2] 接触改質には固体酸に遷移金属を担持した触媒が使われる．固体酸の関与する炭化水素の異性化や環化と，金属触媒の関与する水素化，水素化分解，脱水素，芳香族化が，特徴的な反応である．

[3] 接触分解では固体酸が触媒として用いられ，炭化水素の分解，異性化，脱水素，環化，脱アルキル化などが起こる．

[4] 熱分解は遊離基（ラジカル）機構で進む．炭素－炭素または炭素－水素結合の切断のしやすさは，第四級＞第三級＞第二級＞第一級の順である．反応活性種である炭化水素遊離基の β 切断による末端オレフィンの生成が特徴的である．

[5] 高オクタン価ガソリンの製造には，分枝状炭化水素，芳香族炭化水素の生成が必要であるが，熱分解では異性化，環化，芳香族化はあまり起こらない．主な生成物であるオレフィンは石油化学工業の原料になる．

[6, 7] 接触分解はカルボカチオン機構によって起こり，第二，第三級カルボカチオンが安定で，β 切断がカチオンの2位と3位の間で起こりやすいので，プロピレンやブテンが比較的多く生成する．一方熱分解はラジカル機構によって起こり，直鎖状炭化水素の熱分解で生成する炭素ラジカルの β 切断が高温化ではより早く起こるため，エチレンの生成が主になる．

[8] 石油留分に含まれる硫黄は，処理装置の腐食，触媒の劣化の原因になり，また石油製品の品質の低下，燃焼の際の二酸化硫黄の発生による大気汚染の原因になる．

[9] 石炭の場合は硫黄分を含んだまま燃焼し，発生した硫黄酸化物をアルカリに吸収させて除く「排煙脱硫」が行われる．

[10] 石油は主に脂肪族炭化水素の混合物であり，その異性化，環化，脱水素により芳香族化合物が製造される．石炭はその中に芳香環，縮合芳香環の構造を含み，乾留によって得られるタールから多様な芳香族化合物が製造される．

演習問題の略解

[11] ⅰ) • プロピレン $\xrightarrow{H_2O}$ 2-プロパノール $\xrightarrow{-H_2}$ アセトン

  • プロピレン $\xrightarrow[\text{(ワッカー法)}]{O_2/触媒}$ アセトン

  • プロピレン + ベンゼン ⟶ クメン ⟶ クメンヒドロペルオキシド
  ⟶ アセトン + フェノール

ⅱ) • プロピレン $\xrightarrow{Cl_2}$ 塩化アリル $\xrightarrow{HOCl}$ $\xrightarrow{-H_2O}$ エピクロロヒドリン
  $\xrightarrow{H_2O/NaOH}$ グリセリン

  • 脂肪 $\xrightarrow{H_2O}$ グリセリン + 脂肪酸

ⅲ) • アセチレン $\xrightarrow{H_2O}$ アセトアルデヒド $\xrightarrow[\text{触媒}]{O_2}$ 酢酸

  • エチレン $\xrightarrow[\text{(ワッカー法)}]{O_2/触媒}$ アセトアルデヒド ⟶ 酢酸

  • CO + H_2 $\xrightarrow{\text{触媒}}$ メタノール $\xrightarrow[\text{触媒}]{CO}$ 酢酸

  • 炭水化物 $\xrightarrow{\text{発酵}}$ 酢酸

ⅳ) • ベンゼン + プロピレン ⟶ クメン ⟶ クメンヒドロペルオキシド
  ⟶ フェノール + アセトン

  • ベンゼン $\xrightarrow{H_2SO_4}$ ベンゼンスルホン酸 $\xrightarrow{NaOH}$ フェノール

ⅴ) • プロピレン $\xrightarrow{HOCl}$ プロピレンクロロヒドリン $\xrightarrow{-HCl}$ プロピレンオキシド

  • プロピレン $\xrightarrow{\text{ヒドロペルオキシド}}$ プロピレンオキシド

ⅵ) • アセトン $\xrightarrow{HCN}$ アセトンシアノヒドリン $\xrightarrow{H_2O}$ メタクリル酸
  $\xrightarrow{CH_3OH}$ メタクリル酸メチル

  • イソブテン $\xrightarrow[\text{(ワッカー法)}]{O_2/触媒}$ メタクリロレイン $\xrightarrow{O_2/触媒}$ メタクリル酸
  ⟶ メタクリル酸メチル

  • イソブテン $\xrightarrow[\substack{\text{触媒}\\\text{(アンモ酸化)}}]{O_2 + NH_3}$ メタクリロニトリル $\xrightarrow{H_2O}$ メタクリル酸
  ⟶ メタクリル酸メチル

[12] ・CO $\xrightarrow[触媒]{H_2O}$ CH_3OH $\xrightarrow[触媒]{CO}$ CH_3-COOH

・$R-CH=CH_2 + CO + H_2$ $\xrightarrow[(ヒドロホルミル化)]{触媒}$ $R-CH_2-CH_2-CHO + R-CH-CH_3$
　　　|
　　　CHO

・C₆H₅-OH + CO_2 $\xrightarrow[(コルベ-シュミット反応)]{NaOH}$ サリチル酸（o-HOC₆H₄COOH）

[13] 1（ベンゾフェノン）と 3（テトラフェニルエチレン）は無色である．2（フルオレノン）と 4（ジフェニレンエチレン）では共役系が大きくなりそれぞれ黄色と赤色であるが，染着基がない．5（アゾベンゼン）は橙色だが染着基がない．6（スピリットエロー）は染料になるが染着性は不十分である．7（アシッドエロー）と 8（オレンジⅡ）は優れた染料である．

[14] 図：フェノールフタレインは酸性ではラクトン型の構造で無色である．弱アルカリ性ではキノン型になり，共役系が大きくなり紅色を示す．強アルカリ性ではキノン型が壊れて無色になる．

フェノールフタレインの色と構造

[15] 長鎖脂肪酸のナトリウム塩1は両親媒性で界面活性を示すが，エステル2は疎水性であり，酢酸の塩3は親水性で，いずれも界面活性を示さない．同様に，5は界面活性を示すが4は示さない．6ではポリオキシエチレン基が親水性で両親媒性であり界面活性を示すが，7でメチル基が入ると疎水性になり，分子は両親媒性ではなくなる．

[16] 硬水は2価のカルシウムイオン，マグネシウムイオンを多く含み，石鹸分子のナトリウムイオンと置き換わり，分子間に結合ができるためミセルが壊れ，界面活性を示さなくなる．

索　引

ア

青葉アルコール　40,152
アクリルアミド　43
アクリル酸　42
アクリロニトリル　43
アジピン酸　49
アスピリン　190
アセチルコリン　199
アセチルコリンエステラーゼ　199
アセチルサリチル酸　190
アセトアルデヒド　30, 33
アセトン　37,41
アゾ染料　96
　――の合成におけるカップリング反応　98
アニオン性界面活性剤　121
p-アミノ安息香酸　175
アリザリン　99,105
アリルアルコール　42
安息香酸　55
アンチノック剤　13
アンチノック性　13
アントラキノン　99
アントラキノン染料　99
アンモ酸化　43,46
アンモニア　59

イ，ウ

硫黄酸化物　214
イオノン　148
異性化　17
イソオクタン　13,45
イソシアナート　53
イソブチレン　45
イソブテン　45
イソプレノイド　142
イソプロピルアルコール　37
医薬の構造特異作用　168
医薬の主作用団　168
陰イオン性界面活性剤　121
インジゴ　100,106
インジゴ系染料　100
漆　113

エ

液化石油ガス　12
液化天然ガス　57
液晶　91
エステル（高級脂肪酸の）　81
エタノール　29
エタノールアミン　35
2-エチルヘキサノール　33
エチルベンゼン　51

エチレン　26
　――からの合成　27
　――のエポキシ化　34
　――の塩素化　29
　――の水和　29
エチレンオキシド　34
エチレンカーボネート　35
エチレングリコール　34
エピクロロヒドリン　41
エポキシ化（エチレンの）　34
エポキシ化（プロピレンの）　38
エマルション　133
エマルション塗料　111
塩化アリル　41
塩化ビニリデン　29
塩化ビニル　29
塩基性染料　104

オ

オータコイド　184,191
オキシ塩素化　29
オキシクロル化　29
オキソ合成法　39
オクタン価　13

カ

界面活性　116
界面活性剤　117
界面活性剤（食品分野

の) 135
化学感覚 136
化学療法剤 171
加水分解（油脂の) 80
ガソリン 12
カチオン性界面活性剤 125
カップリング反応（アゾ染料の合成における) 98
ε-カプロラクタム 48
カルボニル化 31
環化 18
環状カーボネート 8
環状ジエン 204
環状ジペプチド 197
乾性油 78
顔料 109

キ

菊酸 195
キシレン 55

ク

クメン 52
曇り点 120
クラッキング 24
クラフト点 119
グリーン・サステイナブル・ケミストリー 209
グリセリン 42
グリセロール 42
クロロプレン 44

ケ

蛍光 101

蛍光増白剤 101
軽油 14
化粧品 158
解熱鎮痛剤 190
けん化 123
けん化価 78
原油 10

コ

硬化油 80
高級アルコール 82
高級脂肪酸のエステル 81
合成ガス 58
合成香料 142
合成樹脂塗料 111
抗生物質 177,183
抗ヒスタミン剤 184
高分子 90
高分子界面活性剤 131
コークス 64
コークス炉ガス 65
コールタール 65,66
固体酸 16,20

サ

酢酸 31
酢酸エチル 33
酢酸ビニル 32
酢酸ベンジル 155
サリチル酸 8,190
サルファ剤 168,171,173
酸価 78
酸化エチレン 34
酸性染料 104

シ

ジアゾ化（芳香族アミンの) 98
C1（シーワン）化学 60
1,4-ジオキサン 35
シクラメンアルデヒド 157
シクロプロパン環 192,196
シクロヘキサン 48
資源 5
ジテルペン 142
シトロネロール 147
脂肪酸 76,84
麝香 138
ジャスモン 152
柔軟剤 134
重油 14
潤滑油 15
ショウノウ 146
食品分野の界面活性剤 135
シリコーン系界面活性剤 131
親水親油バランス 120
シンナムアルデヒド 157

ス

水蒸気改質 58
水性ガス移動（シフト）反応 68
水性塗料 111
水素化脱硫 22
水素添加（油脂の) 79
水素の製造 21

水中油滴型エマルション 134
水和（エチレンの） 29
水和（プロピレンの） 37
スチレン 51
ストレプトマイシン 183
スミチオン 199,201
スルファミン 173

セ

製品寿命 211
精油 141
製油（油脂の） 79
石炭
　——の液化 69
　——のガス化 67
　——の乾留 64
　——の種類と構造 62
　——の成因・所在・埋蔵量 62
石炭ガス化炉 69
石油
　——の可採埋蔵量 10
　——の成因・所在・埋蔵量 10
　——の組成 10
　——の留分 6,12
石油ガス 12
石油精製 11
セスキテルペン 142
セタン 14
セタン価 14
石鹸 3,81,121
接触改質 15
接触分解 19

セファロスポリン 183
セルロース系塗料 111
洗剤 133
洗浄 133
染色堅牢度 102
染料 3
染料の合成 95

タ

タール 65
ダイオキシン 206
大環状ケトン 154
大環状ラクトン 154
大気汚染物質 215
耐性菌 182
帯電防止剤 134
多価アルコール 129
脱硫 22
建て染め 101
建て染め染料 106
炭素の資源 5
炭素の循環 6

チ

窒素酸化物 214
チャー 64
直鎖パラフィン 47
直接染料 103

テ

テトラサイクリン 183
テルペノイド 142
　——の生合成 163
テルペン 142
テレフタル酸 56
天然ガス 56
天然香料 141

ト

灯油 14
ドーマク, G. 172
塗装方法 111
ドラッグ・デザイン 167
トリアシルグリセロール 76
トリグリセリド 76
塗料 110
トルエン 53
トルエンジイソシアナート 53

ナ

捺染 105
ナフサの分解 24
ナフテン 11
ナフトール染料 104

ニ，ヌ，ネ

二酸化炭素 215
　——の利用 7
乳化 133
乳濁液 133
尿素 7
ヌートカトン 140
熱分解 24

ハ

廃棄物 210
媒染染料 105
発色染法 104
バニリン 156
パラチオン 199
ハルコン法 51

索　引

半合成ペニシリン　178
反応染料　107

ヒ

非イオン性界面活性剤　128
ヒスタミン　184
ビスフェノールA　52
ヒドロホルミル化　39
ピネン　146
ビヒクル　110
ピペロナール　156
ビルダー　133
ピレスリン　192
ピレスロイド系殺虫剤　192

フ

フィッシャートロプシュ反応　60
フィッシャートロプシュ法　71
ファニトロチオン　199, 201
フェニルアセトアルデヒド　156
2-フェニルエタノール　155
フェノール　52
不乾性油　78
不斉シアノヒドリン合成　197
不斉リン原子　202
ブタジエン　44
1,3-ブタジエン　44
1-ブタノール　33, 40
フタロシアニン　109

1,4-ブタンジオール　44
ブチルアルデヒド　40
フッ素系界面活性剤　131
1-ブテン　46
2-ブテン　46
プラスチック　212
フリーラジカル　24
フルフラール　158
フレミング, A.　177
プロスタグランジン　191
2-プロパノール　37
プロパンガス　12
プロピレン　35
　──からの合成　35
　──のエポキシ化　38
　──の酸化　41
　──の水和　37
プロピレンオキシド　39
プロピレングリコール　39
ブロントジル　172
分散染料　106
粉体塗装　112

ヘ

ヘキサメチレンジアミン　49
ヘキスト-ワッカー法　30
ベタイン　127
ペニシリン　177
ペプチドグリカン　180
ヘリオトロピン　156
ヘンケル法　56

ベンジルアルコール　155
ベンゼン　49

ホ

芳香族アミンのジアゾ化　98
芳香族化　18
芳香族炭化水素　27
ポリエチレン　2
　──の製造工程　209
ポリエチレングリコール　34
ポリオキシエチレン　128
ポリソープ　131
ホルムアルデヒド　59

マ

マクロライド　183
マテリアルリサイクル　213
マフナオン　199, 200
マルトール　158

ミ

ミセル　118
ミュフー, D. H.　204

ム

無水フタル酸　55
無水マレイン酸　47
ムスク　138
ムスク系化合物　154

メ

メタクリル酸　46

メ

メタクリル酸メチル 38
メタノール 58
メタン 57
メチシリン 183
メチルイソブチルケトン 38
メチルエチルケトン 47
メチル t-ブチル エーテル 13,45
メントール 139,148

モ

モーブ 112
モノテルペン 142
モンサント法 31

ユ

有機塩素系除草剤 205
有機塩素系農薬 203
有機化合物の色 88
有機リン系殺虫剤 197
遊離基 24
油脂 75
　——の加水分解 80
　——の水素添加 79
　——の製油 79
油性塗料 111
油中水滴型エマルション 134

ヨ

陽イオン性界面活性剤 125
溶剤 15
葉酸 175
ヨウ素化 78
ヨノン 148

ラ

β-ラクタム系抗生物質 179
ラジカル 24

リ, ロ, ワ

リサイクル 212
リナロール 147,151
リホーミング 15
硫化染料 106
リユース 212
流動式接触分解 19
両親媒性物質 117
両性界面活性剤 126
リリアール 157
リリーアルデヒド 157
臨界ミセル濃度 118
ロウ 76
ワッカー法 41

欧文, その他

β-フェニルエチルアルコール 155
β-ラクタム系抗生物質 179
ε-カプロラクタム 48

1,3-ブタジエン 44
1,4-ジオキサン 35
1,4-ブタンジオール 44
1-ブタノール 33,40
1-ブテン 46
2,4,5-T 205
2,4-D 205
2-エチルヘキサノール 33
2-フェニルエタノール 155
2-ブテン 46
2-プロパノール 37
ABS 123
AES 124
AOS 123
AS 124
BHC 204
BINAP 148
BTX 27
C1 化学 60
DDT 203
F-T 法 71
H_1 受容体拮抗薬 186
H_2 受容体拮抗薬 188
HLB 120
LAS 124
LNG 57
LPG 12
MTBE 13,45
p-アミノ安息香酸 175

著者略歴

井上祥平 (いのうえ しょうへい)

　1933年京都市生まれ．1956年京都大学工学部工業化学科卒業．1962年同大学院博士課程修了．工学博士．同年京都大学工学部助手．1965年東京大学工学部講師．助教授を経て，1978年教授．1994年東京大学定年退官．同名誉教授．1999年度日本化学会会長．

　主な著書：『はじめての化学』(化学同人)，『高分子合成化学』(裳華房)，『高分子材料の化学』(丸善)，『生体高分子』(化学同人)，『二酸化炭素』(東京化学同人)，『かたいもの，やわらかいもの』(岩波書店)，他．

化学の指針シリーズ　**有機工業化学**

2008年9月25日　第1版発行
2018年2月25日　第2版1刷発行
2022年1月25日　第2版2刷発行

検印省略

定価はカバーに表示してあります．

著作者　　井　上　祥　平
発行者　　吉　野　和　浩
発行所　　東京都千代田区四番町8-1
　　　　　電　話　03-3262-9166(代)
　　　　　郵便番号 102-0081
　　　　　株式会社　裳　華　房
印刷所　　中央印刷株式会社
製本所　　株式会社　松　岳　社

一般社団法人
自然科学書協会会員

〈出版者著作権管理機構 委託出版物〉
本書の無断複製は著作権法上での例外を除き禁じられています．複製される場合は，そのつど事前に，出版者著作権管理機構(電話03-5244-5088，FAX 03-5244-5089，e-mail:info@jcopy.or.jp)の許諾を得てください．

ISBN 978-4-7853-3222-8

© 井上祥平, 2008　Printed in Japan

化学の指針シリーズ

各A5判

【本シリーズの特徴】
1. 記述内容はできるだけ精選し，網羅的ではなく，本質的で重要な事項に限定した．
2. 基礎的な概念を十分理解させるため，また概念の応用，知識の整理に役立つよう，演習問題を設け，巻末にその略解をつけた．
3. 各章ごとに内容にふさわしいコラムを挿入し，学習への興味をさらに深めるよう工夫した．

化学環境学
御園生 誠 著　252頁／定価 2750円

錯体化学
佐々木陽一・柘植清志 共著
264頁／定価 2970円

化学プロセス工学
小野木克明・田川智彦・小林敬幸・二井 晋 共著
220頁／定価 2640円

分子構造解析
山口健太郎 著　168頁／定価 2420円

生物有機化学
－ケミカルバイオロジーへの展開－
宍戸昌彦・大槻高史 共著
204頁／定価 2530円

高分子化学
西 敏夫・讃井浩平・東 千秋・高田十志和 共著
276頁／定価 3190円

有機反応機構
加納航治・西郷和彦 共著
262頁／定価 2860円

量子化学
－分子軌道法の理解のために－
中嶋隆人 著　240頁／定価 2750円

有機工業化学
井上祥平 著　248頁／定価 2750円

超分子の化学
菅原 正・木村榮一 共編
226頁／定価 2640円

触媒化学
岩澤康裕・小林 修・冨重圭一
関根 泰・上野雅晴・唯 美津木 共著
256頁／定価 2860円

既刊11点，以下続刊

※価格はすべて税込（10％）

裳華房ホームページ　https://www.shokabo.co.jp/